# 毛线球 46
## keitodama

# 度假风清爽毛衫编织

日本宝库社 编著　　蒋幼幼　如鱼得水 译

河南科学技术出版社
·郑州·

keitodama

# 目 录

★世界手工新闻……4

土耳其……4

日本……4

英国……5

## 简约夏日风……6

亚麻风情套头衫和遮阳帽……8

镂空花样短袖套头衫……9

度假风情花片薄衫……10

镂空花样小V领背心……11

宽松中袖套头衫……12

波莱罗风情简约开衫……13

简约的镂空花样开衫……14

休闲中袖毛衫……15

镂空花样宽松套头衫……16

方形花片段染线开衫……17

★野口光的织补缝大改造……18

★michiyo 四种尺码的毛衫编织……20

用粗线快速编织完成的套头衫……20

★编织人物专访❺

编织构建的柔软世界　田沼英治……22

时尚靓丽的钩编蕾丝衫……24

扇形花样小翻领套头衫……24

祖母花片连编开衫……25

雅致蕾丝长裙……26

等针直编的双色条纹衫……27

★世界手工艺纪行❹❺……28

织物自由变化研究：让我们用魔法一根

针编织吧……32

五彩缤纷的束口袋……32

条纹花样长围巾……33

★为生活增添色彩的节庆编织❷❹

去海滩……38

多用泳衣两件套……39

沙滩子母包……39

★ 调色板

造型百变的帽子和包包……40

★ 春夏毛线推荐……42

★ 西村知子的英语编织 ⓫……46

东海绘里香的配色编织夏日毛衫……48

★ 乐享毛线……50

镂空花样圆育克套头衫……50

波纹蕾丝披肩……51

用 Air Tulle 线编织外出包包……52

可爱水桶手提包……52

休闲口金包……53

试试自己染线编织……54

双色调长筒袜……54

★ 林琴美的快乐编织

试一次就乐此不疲的葡萄牙式编织……58

条纹花样方形抱枕……59

★ 志田瞳优美花样毛衫编织新编 ⓲……60

★ 冈本启子的 Knit+1……62

条纹花样复古开衫……63

黑底彩花的宽袖套头衫……63

★ 新编织机讲座 ❻……64

蕾丝花样短袖衫……64

扇形花边套头衫……65

★ 编织师的极致编织……69

现在还不知道？零头线的活用小妙招＜钩针编织篇＞……70

★ 毛线球快讯……74

时尚达人的手艺时光之旅：手工艺店的兴起……74

编织符号真厉害……75

作品的编织方法……79

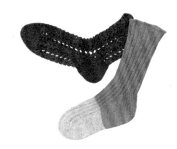

# KEITODAMA

## 土耳其
### 用手工援助受灾民众

上/里泽省赫姆辛地区的女性们

下/传统的赫姆辛袜子结实又保暖

2023年2月6日，土耳其和叙利亚发生了地震，震源位于土耳其东南部的卡赫拉曼马拉什省。土耳其的受灾区多达11个省份，直接受灾人口约有1350万，相当于全国人口的16%。发生地震后，土耳其国内外的救援队伍第一时间奔赴灾区，募集的资金和救援物资挽救了很多人的生命。

土耳其各地从事手工艺行业的女性们也不例外，迅速发起了支援行动。

黑海地区里泽省（Rize）有一个叫作赫姆辛（Hemşin）的地方，小花图案的赫姆辛袜子非常有名，是用一种叫作"噗噜噜（音译）"的配色编织技法制作的。女性们为了抵御冬季的严寒会编织很多袜子。得知受灾地区在夜里气温降到零下，以市民讲座的讲师为中心，人们号召为避难群众募集家里的袜子，最后收集到了100双袜子，据说另外还编织了350双袜子送到了灾区。

西北部的布尔萨省（Bursa）也是1999年马尔马拉大地震的受灾区，对此次支援受灾区的反响尤其强烈。在布尔萨市区开设手工艺工作室的女性联合协会募集了很多婴幼儿可以使用的毛毯和围巾、帽子等物品；而且还开展了"我们提供线材，针法由你决定"的编织活动，从赞助商那里获得材料的女性们团结一致完成了150条毛毯、350件围巾和帽子并送到了灾区。另外，为了帮助避难的孩子们排解烦闷情绪，她们还制作了笑脸玩偶抱枕和布艺人偶分发给孩子们。各地的女性团体也纷纷送去了手工用品，因为收入有限无法给予经济支援的女性们用自己双手制作的物品支持、鼓励着受灾民众，她们也为此深感自豪和欣慰。

在日本，以土耳其地中海沿

很多市民参加了布尔萨女性联合协会的支援活动

岸安塔利亚地区（Antalya）的多塞米埃尔提地毯（Döşemealtı Carpets）为主题的公益影视作品《地毯铺成的果树园——土耳其村庄的手工艺》正在各地上映。关于今后的播放日程安排，大家可以在执导该作品的内田英惠导演的Instagram（nuno_stories）上查寻。

撰稿／野中几美

## 日本
### 承继传统，维旧生新：富冈真丝手工编织展

上/被认定为日本国宝的展会场地

下/荣获广濑光治特别奖的披肩（铃木寿子作）

位于群马县富冈市的富冈制丝厂被联合国教科文组织列为"世界文化遗产"，于2023年2月8~21日举办了"第2届富冈真丝手工编织展"。富冈制丝厂的手工艺用线是将富冈市蚕农的蚕茧用上州座缲（手摇缲丝）这种群马县自古流传下来的传统技法生产出来的，因为是用手慢慢地抽丝剥茧，所以丝质更加松软柔韧。

这场展会向公众征集用100%富冈真丝的手工艺用丝线制作的作品。日本各地一共有66件富有创意的高品质作品参展。

作品的展示地点在西置茧所的多功能厅，西置茧所曾经是储藏蚕茧的仓库，现在被认定为日本国宝。继去年的作品展，2月11日编织设计师广濑光治老师再次进行了演讲。参展的各位作者都聆听了演讲，而且其作品一一得到了广濑老师的点评。

本届作品展分为围巾和披肩、时装、编织玩偶、时装小物配饰共4个小组，通过到场观众投票的方式选出获奖作品。据说在展会举办期间，超过3500人来到了现场。另外，还设置了广濑光治特别奖。应征作品包括用棒针、钩针、编绳、梭编等各种工具和技法创作的作品，以及用草木染等手法对真丝线进行染色后再创作的作品。第3届展会也正在策划中。希望通过这样的展会，如今日渐稀少的日本生丝可以在未来焕发新生。

撰稿／《毛线球》编辑部

自左往右／围巾和披肩小组获奖作品：铃兰披肩（阿部智子作）。时装小组获奖作品：给我的长孙女（町田真生子作）。时装小物配饰小组获奖作品：露指手套（Nona作）。编织玩偶小组获奖作品：Are you ready？（小川大辅作）

# 英国

## 伦敦针织缝纫展览会

毛线商TOFT的花朵编织玩偶

2023年3月23~26日，春季的针织缝纫展览会（The Stitch Festival）在伦敦天使街区的商业设计中心（The Business Design Centre）成功举办。这是以服装制作和缝纫为主的手工艺展，除此之外也设立了瑞典刺绣、日本刺子绣、编绳、毛线等的商家的展位，还有提前申请的讲习会，人头攒动，热闹非凡。受到新冠疫情的影响，店铺间的通道比较宽敞，参观者可以悠闲地浏览各家店铺。

我着重看了一下毛线店，今年来了很多经营手染线（hand-dyed yarn）的店铺。中细毛线、蕾丝线、含25%锦纶75%羊毛的袜子线、粗线……各种毛线一应俱全。一番询问之后了解到，有的店铺拥有工坊，有的店铺是在自家住宅内染线。无论哪种店铺，一次的染线量都非常有限，无法做到批量生产。从意大利赶来参展的毛线商中有一位设计师凯特，她向我介绍了一款用2股马海毛线钩编的披肩。2股马海毛线的钩编

会场景象。与新冠疫情前相比，展位的间距更宽了

作品真是非常蓬松啊。

印象中羊驼绒原产于秘鲁，其实英国的德文郡也饲养羊驼。将这种英国产的羊驼绒染成雅致的颜色进行销售的正是UK ALPACA（英国羊驼绒毛线有限公司）。用羊驼绒线编织玩偶非常出名的TOFT也来参展了。无论是UK ALPACA还是TOFT都使用了德文郡的羊驼绒。今年的TOFT在动物玩偶之外，还增加了各种花朵的设计。设计师就是店主凯莉。她热爱钩针编织，对她来说设计本身就是非常快乐的事情。

因祖母方格花样出名的凯蒂·琼斯也来了，我不太擅长钩针编织，所以参加了凯蒂的讲习会。她教授的挂线方法很适合我，一直感觉太松的花样也编织得紧致漂亮了。

会场里还设置了休息室，大家可以自由落座聊一聊编织话题。23日和24日有钩针编织设计师詹尼的作品展，25日和26日有意大利钩针编织设计师凯特的作品展。虽说是洋裁为主的展览会，编织爱好者也可以充分享受这里的活动。

撰稿／横山正美

左／TOFT的展位
中／在自己的作品前摆拍的凯蒂·琼斯
右／意大利钩针编织设计师凯特

针织缝纫展览会的现场

# Simple St

# 简约夏日风

愉快地度过炎热的夏季，少不了一件清爽的毛衫。
简单地编织，简单地穿着，一起来编织让心情变好的漂亮毛衫吧。
可以日常穿着，当然也可以度假时穿着，你想怎么穿呢？

photograph Shigeki Nakashima　styling Kuniko Okabe，Yuumi Sano　hair&make-up Hitoshi Sakaguchi
model Ndin（176cm）

FROM
THE SEA

ANNE MORROW
LINDBERGH

## 亚麻风情套头衫
## 和遮阳帽

这是一款使用100%亚麻线编织的短袖套
头衫，使用了大量的镂空花样，非常清
爽。小巧的镂空花样和下摆稍大的菱形
镂空花样相得益彰。清爽的遮阳帽在帽
檐和帽身交界的镂空花样处穿上了一条
波浪形的饰带，可以系成蝴蝶结，也可
以自由散开，享受百变造型。

设计／大田真子
制作／须藤晃代
编织方法/81、82页
使用线／芭贝

## 镂空花样短袖套头衫

这款锯齿状的镂空花样的短袖套头衫，是使用清爽的麻线编织成的。从领口向下编织育克，自然地形成法式袖。不需要缝合，编织起来很顺手。

设计/风工房
编织方法/80页
使用线/芭贝

### 度假风情花片薄衫

易于编织的花片，不张扬的颜色，等针直编的薄衫。大片的镂空设计，很适合叠穿在外面，可以搭配简单的短裙或短裤，当然也适合搭配无袖连衣裙，而且也适合去海边度假时穿着。

设计 / 奥住玲子
编织方法 / 84 页
使用线 / 毛线 Pierrot

## 镂空花样小V领背心

用肤感颇佳的真丝棉线编织的背心，贴身穿着也很舒适。纵向排列的镂空花样，形成条纹装饰。小小的V领，起到恰到好处的点缀效果。

设计／冈 真理子
制作／内海理惠
编织方法／92 页
使用线／毛线 Pierrot

# 宽松中袖套头衫

横向编织的前后身片通过扭针加针织出斜肩,在中央和胁部缝合,就完成了这款套头衫。组合3根不同颜色的细亚麻线编织,尽享色彩变化的乐趣。中袖的长度可以遮住上臂,无形中起到遮阳、防晒的效果。宽松的款式,穿着很凉爽。

设计 /yohnKa
编织方法 /88 页
使用线 / 手织屋

# 波莱罗风情简约开衫

这款波莱罗风情开衫是从后下摆开始编织的，连同前身片的门襟一起编织，结构巧妙。编织方法图看起来很复杂，但编织起来却比想象中简单。它几乎不需要缝合，这点很受欢迎。真丝材质的线材，触感优良。

设计/柴田 淳
编织方法/86页
使用线/手织屋

### 简约的镂空花样开衫

无论是炎热的室外，还是开着空调的室内，都需要一件开衫。清爽舒适的开衫，是夏季必备的单品，对调节体温很重要。将真丝线和亚麻线并在一起编织，增加了线材的韵味。重复编织简单的镂空花样，富有韵律感。衣袖是等针直编的，宽松凉爽。

设计/河合真弓
制作/冲田喜美子
编织方法/93页
使用线/手织屋

## 休闲中袖毛衫

松捻的棉麻线染出飞白花纹效果，编织出韵味悠长的中袖毛衫。点缀在镂空花样中的小巧菱形花样，也别有一番风情。插肩袖的设计，易于穿着。款式休闲，线材优良，适合搭配时尚的衣服。

设计 /YOSHIKO HYODO
制作 /矢部久美子
编织方法 /90 页
使用线 /手织屋

15

# 镂空花样宽松套头衫

这款毛衫使用了非常有趣的编织花样，喜欢钩织的朋友一定不要错过。你会不禁感叹，原来还可以这样使用枣形针！宽松的款式，很适合当作罩衫套穿在小背心的外面。大家可以多尝试几种搭配方式。

设计 / 冈本真希子
编织方法 /98 页
使用线 / 钻石线

## 方形花片段染线
## 开衫

使用含有金银丝线的段染线钩织，将简单的方形花片连接在一起，让这款夏日毛衫有一种微妙的感觉。无须配色即可享受色彩变化的乐趣。没有变形的花片，自然地钩织衣领和衣袖，非常简单。

设计/岸 睦子
编织方法/94页
使用线/钻石线

# 第27回

# 野口光的织补缝大改造

织补缝是一种修复衣物的技法，在不断发展、完善中。

**野口 光**

创立"hikaru noguchi"品牌的编织设计师。非常喜欢织补缝，还为此专门设计了独特的蘑菇形工具。处女作《妙手生花：野口光的神奇衣物织补术》中文简体版已由河南科学技术出版社引进出版，正在热销中。第2本书《修补之书》由日本宝库社出版。

**【本期话题】**
## 给褪色的夏日毛衫增添几分趣味

织补前

反复洗涤下，
褪色有些厉害了……

photograph Hironori Handa  styling Masayo Akutsu
hair&make-up Yuri Arai  model Jane（173cm）

本期使用的织补工具

最近市面上的成衣，有不少会刻意做出褶皱或褪色效果，以拉近与人之间的距离，演绎出更有舒适感的时尚氛围，还可以在家随意洗涤，不用小心翼翼地呵护。不过，夏日毛衫反复洗涤晾干之后，原本深沉的颜色发白、变淡了，看起来旧旧的，这时就要注意了。

这次修复的夏日毛衫是使用100%棉线织成的，是我23年前在伦敦生活时买的。它肤感绝佳，是我非常喜爱的一件衣服。近年来，它开始有些褪色，明显变旧了。

我选择使用达摩手编线Placord线进行修补。将捻好的线松开，用1根线像涂鸦那样在褪色变旧的地方进行织补缝。利用它热熔线的特质，在刺绣后铺上烘焙纸进行熨烫。线材自身比较硬，几乎不可能绣出整齐的针迹，这种偶然形成的线条反而是一种惊喜，熨烫定型后，这件短袖毛衫就焕然一新了。

本期介绍的是一款简单又不失个性的套头衫。
活动时自然贴合身材的垂坠感给人无拘无束的印象。

photograph Shigeki Nakashima  styling Kuniko Okabe,Yuumi Sano  hair&make-up Daisuke Yamada  model Emma Koyama（173cm）

用粗线快速编织完成的
套头衫

本期选择夏季毛衫很少使用的粗线快速编织完成了这款套头衫。

身片主体的针目比较疏松，透气性良好，而宽大的袖窿加上紧实的阿兰花样边缘，设计极富个性。

穿着时，袖口就像一下子弹开的感觉，真是让人着迷的款式。

编织时需要注意育克的编织起点位置。从指定的位置编织，就可以在完成前后差之后无须断线一直编织至衣领的编织终点。

夏季线特别容易松垮，这款设计为了防止织物变形，采取了拼接和缝合的处理方法。

单穿当然没问题，但是也可以当作背心，不妨试试叠穿的效果。

使用的线材富有变化，亚麻中夹杂着韵味雅致的蚕丝结，爽滑的质感最适合夏季织物，简单的下针编织也不会觉得单调乏味。看似不可思议的形状，穿起来却很灵动，让人越穿越开心。既是套头衫，也是背心，可以搭配裤子、裙子，或者穿在连衣裙的外面……不妨试试各种穿搭方法。

制作／饭岛裕子
编织方法／102页
使用线／和麻纳卡

衣领
为了使领窝的收口更加自然美观，最后做了减针。四种尺码的针数不同，注意伏针收针时不要收得太紧。

袖口
边缘的阿兰花样只需要调整长度，宽度不变。

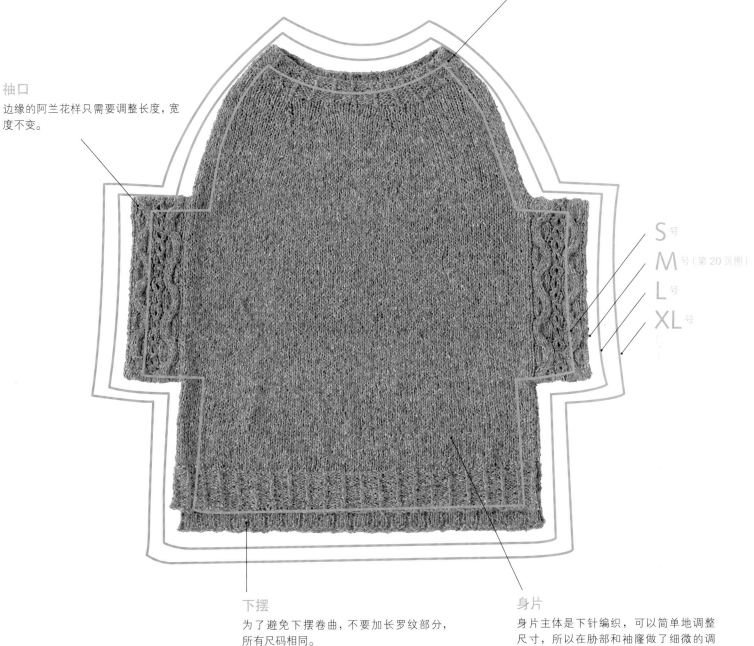

S 号
M 号（第20页图）
L 号
XL 号

下摆
为了避免下摆卷曲，不要加长罗纹部分，所有尺码相同。

身片
身片主体是下针编织，可以简单地调整尺寸，所以在胁部和袖窿做了细微的调整。又因为袖窿的位置设计得比较低，尺码越大，身片越宽，手臂的活动范围也就越大。

## michiyo

曾在服装企业做过编织策划工作，目前是一名编织作家。从婴幼儿到成人服饰，著作颇丰。现在主要以网上商店Andemee为中心发布设计。

尺码是以编织花样为基础调整的，因此尺寸的变化并不均匀。

# 编织构建的柔软世界

## 「田沼英治」

photograph Bunsaku Nakagawa  text Hiroko Tagaya

用轻柔的极粗毛线"Anone"编织的针织帽

用经典款真丝马海毛线"Itsumo"编织的冥想围巾

用环保真丝线"Kimama"编织的袜子

Knittingbird策划和研发的毛线

作品的设计也会最大限度地发挥线材的特性

**田沼英治（Eiji Tanuma）**
针织专业网络杂志Knittingbird的主理人。20岁远赴英国，师从针织设计师克莱尔·塔夫（Clare Tough）。曾就读于伦敦时装学院和东京针织时装学院等，是一名针织设计师和手编讲师。目前以大阪为中心开展各项活动，比如受邀参加"NHK精美手作"节目的录制，担任京都精华大学大众文化学院时装课程的兼职讲师。

本期邀请的嘉宾是通过Knittingbird广泛开展各项活动的田沼英治老师。他出生于日本群马县太田市。"我从小生活在针织纤维工厂聚集的地区，目睹工厂的日益衰败，开始寻思是否可以做些什么。创办针织专业的网络杂志、介绍针织工厂的现状就是最初的设想，Knittingbird也由此而来。"

这个初衷至今仍然是各项活动的基础。因为在伦敦学习了全面的时装知识，了解下单的服装企业和接单的工厂，就会发现一些潜在的问题。

"有一段时期我也从事过设计师的工作，但是比起工作本身，我更想做点什么改变日本针织行业的现状。譬如是否可以增加针织从业人员，作为一种文化提高它的社会地位……"

田沼老师之所以看出日本针织行业的问题，或许一方面也是因为在编织文化根植于社会的伦敦生活过吧。

"日本虽然不乏有名的手编老师，但是专业从事工业针织的人员在服装企业也是很少的。说起来，服装专科学校里开设针织专业的就不多。究其根源，不外乎编织工作的报酬还有待改善。针织工厂一到春夏就会进入淡季，这也是一大问题。我想为社会做一些现在力所能及的事情，希望孩子们在考虑将来的工作时也可以将针织纳入备选项。"

工厂里存在着不为人知的各种问题。"比如，针织工厂每年都会有偿废弃成吨的毛线。我们就会回收这样的毛线，将它们合股制作成'一期一会线'进行销售。"

毛线的策划和研发是Knittingbird的核心业务。从1根线可以诞生出织物纹理、图案（造型）、服装的设计……这本身就是编织的魅力所在。

"说到毛线，往往会联想到手工艺的温度。不过，现在某些知名品牌开始用工业针织机器制作运动鞋，使用的是编织时很柔软、最后蒸汽加热就会变硬的热熔线，甚至是医疗用线，可见针织行业的发展非常惊人。"

Knittingbird也开展了涵盖各种手编和工业针织技法的活动。"现在，想要老式家用编织机的人出乎意料地多，另一方面，将其放在柜子里压箱底的人也很多。我们从2年前便开始了二手销售业务，将供求双方连接在一起。学会了使用编织机，就可以从事针织工作了。"

说到最近比较深刻的感受，"那就是编织承载着重要的回忆。有一位女性想把已故丈夫的针织衫改成自己可以穿着的尺寸。因为不忍心裁剪这么重要的针织衫，我们将工业机编织的针织衫先全部拆成毛线，然后用家用编织机进行了重新编织。"

相比报酬，参与改造充满人生回忆的针织衫这件事更令人感到开心。田沼老师说："希望编织可以让社会变得更加丰富多彩。"要做到这一点，必须对针织相关的各种文化和技法有全面的了解。今后我们也将继续关注一些针对性强的活动。

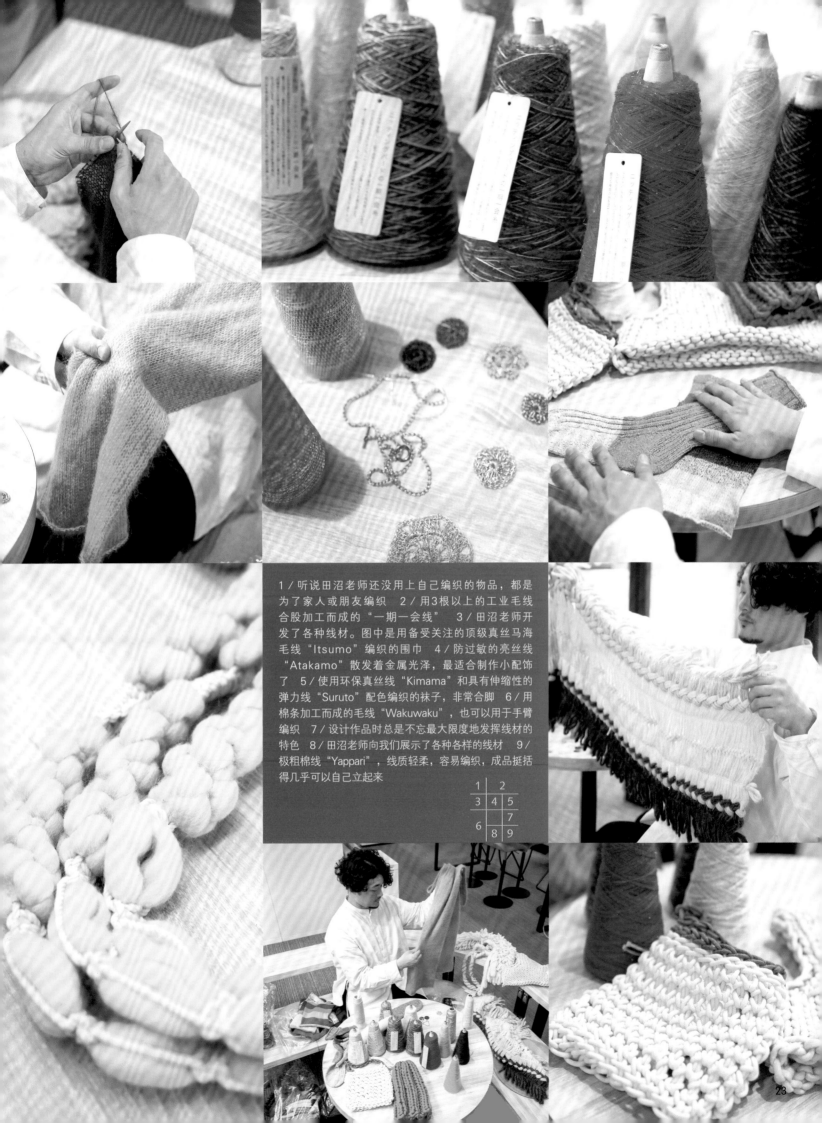

1／听说田沼老师还没用上自己编织的物品，都是为了家人或朋友编织　2／用3根以上的工业毛线合股加工而成的"一期一会线"　3／田沼老师开发了各种线材。图中是用备受关注的顶级真丝马海毛线"Itsumo"编织的围巾　4／防过敏的亮丝线"Atakamo"散发着金属光泽，最适合制作小配饰了　5／使用环保真丝线"Kimama"和具有伸缩性的弹力线"Suruto"配色编织的袜子，非常合脚　6／用棉条加工而成的毛线"Wakuwaku"，也可以用于手臂编织　7／设计作品时总是不忘最大限度地发挥线材的特色　8／田沼老师向我们展示了各种各样的线材　9／极粗棉线"Yappari"，线质轻柔，容易编织，成品挺括得几乎可以自己立起来

| 1 | 2 | |
|---|---|---|
| 3 | 4 | 5 |
| | | 7 |
| 6 | 8 | 9 |

23

photograph Hironori Handa　styling Masayo Akutsu　hair&make-up Yuri Arai model Jane (173cm)

# 时尚靓丽的
# 钩编蕾丝衫

一根针就可以编织出清凉宜人又丰富多彩的蕾丝花样服饰。
让我们在钩针编织特有的光影中感受富有层次的阴影效果吧。

## 扇形花样小翻领
## 套头衫

从起针处挑针向下编织的扇形花样摇曳生姿。衣领也使用了相同的花样，仿佛装饰领一般，煞是可爱。随意地套在日常休闲服饰外，可以增添几分不同于平时的风采。

设计 / 风工房
编织方法 /105页
使用线 / 奥林巴斯

# 祖母花片连编开衫

这是一款由经典祖母花片拼接而成的半袖开衫。
用纯色线编织，花样的简单重复令人感觉非常舒
适，整体看上去成熟稳重。因为是连编花片，线
头处理极少，这也是一大惊喜。

设计/伊藤直孝
编织方法/108页
使用线/奥林巴斯

25

# 雅致蕾丝长裙

夏日必备的长款蕾丝连衣裙！小花般的基础花样与花形花片组合在一起，在夏日阳光下显得格外知性优雅。直接穿就很漂亮，像这样当作超长背心穿也不错。

设计/冈本启子
制作/宫崎满子
编织方法/114页
使用线/奥林巴斯

## 等针直编的双色条纹衫

这是一款无袖套头衫，等针直编的双色条纹散发着光泽，从领窝开始分成左右两边编织。有趣的花样宛如一排排的阶梯蕾丝花边，是由2针的方眼针横向编织而成的。再用对比色编织一款装饰领，搭配着穿，精致极了。

设计 / 河合真弓
制作 / 松本良子
编织方法 / 118页
使用线 / 奥林巴斯

27

与白线刺绣的初次邂逅是在 1993 年留学的丹麦斯凯尔斯手工艺学校（Skals Højskolen），宛如雕刻般的立体花样以及蕾丝般的镂空花样精美极了。当时我正在做课题的抽样调查，了解到那就是 18 世纪后半期至 19 世纪中叶农家女们制作的赫德博刺绣（Hedebosyning）。幸运的是，我还在留学期间参观了哥本哈根附近的格雷沃博物馆（Greve Museum）举办的赫德博刺绣展。第一次看到了很多 200 多年前制作的作品，在了解历史背景后深深被这个独特又唯美的白色世界吸引了。

## 赫德博刺绣诞生的背景

赫德博刺绣在丹麦语中由 3 个单词组成，hede = 没有森林的平原，bo = 居民，syning = 刺绣。据说以前丹麦首都哥本哈根附近的三角形区域叫作赫登（Heden），赫德博刺绣就是出自该地区居民之手的几种白线刺绣的总称。之后，作为该地区的代表性文化被介绍到国内外，不知道从什么时候开始省略了 syning，直接用 "Hedebo" 一词表示白线刺绣。

位于丹麦的斯凯尔斯手工艺学校。除了刺绣之外，还可以学习织物和洋裁等各种手工艺技艺

世界手工艺纪行 ❹❺（丹麦）

## 传统白线刺绣
# 赫德博刺绣

采访、图、文 / 佐藤千寻 摄影 / 渡边淑克 协助编辑 / 春日一枝

赫登地区的土壤非常肥沃，可以为首都提供优质且丰富的农产品，加上赋役负担很少，相比其他地区，这里的农民过着相对富裕的生活。因为经济上比较宽裕，他们才有可能花时间在栽培亚麻织物的原料（亚麻），将亚麻茎部的纤维纺成线、织成布，再在上面刺绣等一系列工序上。这些工序需要大量的劳动力，需要当地好几家农户共同合作，包括孩子们在内，有时需要全家出动才能完成。孩子们从小受到的教育就是，经过亚麻地时一定要停下来打声招呼，据说这样一生都不会为穿衣问题所困。

纺线是女性的工作，特别是亚麻的处理需要熟练的技术。作为赫德博刺绣的材料，纤细又柔韧的线据说是最难纺出的。费时费力精心制作的优质线材和布料才能绣出唯美的白线刺绣，等到节庆活动时就会装饰在客厅招待客人。与四柱床的床幔重叠着悬挂下来的成对细长布条（Pyntehåndklæder），以及从中间可以看到的放置在后面的枕套上也有丰富的白线刺绣，十分引人注目。通常用来烘干衣物的暖炉上方的杆子上也会挂一块装饰布（Knæduge），这是当地一种非常独特的装饰方法（参照右下图）。用这些白色布装饰的房间瞬间明亮起来，特别是冬天光线比较暗，据说还可以反射烛光，增强亮度，也有非常实用的一面。另外，男性的婚礼衬衫和女性的内搭衬衫也是极具代表性的作品，衣领、袖口、肩部都可以看到白线刺绣。作为当地的传统，待嫁新娘会亲手制作婚礼衬衫赠送给未婚夫，新郎在婚礼上穿过之后就会当作礼服继续穿很长时间。

## 6 种刺绣技法的诞生

赫德博刺绣可以展现出女性们精湛的技术，象征着家族的富裕程度，所以刺绣作品被代代相传，十分珍贵。正如前面所述，赫德博刺绣是诞生于三角形区域的白线刺绣的总称。经过漫长的时间，逐渐形成了 6 种不同的刺绣技法，这些技法根据各自的特点分别有不同的名称。首先是一边数着亚麻布上的织线一边刺绣的数纱绣技法 "Tællesyning"，其次是抽出织线进行挑绣的 4 种抽纱绣技法 "Dragværk" "Rudesyning" "Hvidsøm" "Baldyring"，最后还演变出了直接在布面剪出孔洞进行挑绣的雕绣技法 "Udklipshedebo"。早期的图案是由平行于织线绣制的动植物和几何花样构成的；后期直接在布面上描出图案刺绣，增加了线条流畅的花朵、叶子、蔓生草本植物等花样的设计。组合使用这 6 种技法的边缘装饰绣也是赫德博刺绣的一大特点，后来发展出用扣眼绣针法进行刺绣的针绣蕾丝。

在最后一种技法 "Udklipshedebo" 诞生后，一直到 19 世纪末为止，赫登地区农户的家具和服装都受到城市的影响逐渐发生了变化。像 Pyntehåndklæder 等床幔上的细长布条变成了沙发上的装饰性盖巾和桌布，女性们将内搭衬衫的衣领部分分离出来，制作成装饰领搭配连衣裙。这种赫德博刺绣的装饰领在哥本哈根上流社会的女性之间风靡一时，技术特别精湛的绣工还可以通过接单赚取丰厚的副业收入。

这套陈设再现了当时用赫德博刺绣装饰的客厅的样子。资料提供：格雷沃博物馆

A/男性的婚礼衬衫以及装饰布条"Pyntehåndklæder" B/19世纪后半期哥本哈根风靡一时的装饰领上可以看到很多雕绣技法 C/男性的婚礼衬衫上使用了大量早期的抽纱绣技法"Rudesyning"。衣领的装饰边缘、细腻的手缝针迹和纽扣也非常精美 D/袖口部分使用了后期的抽纱绣技法"Baldyring"。这里的装饰边缘也与图片C一样，仅用扣眼绣针法缝制 E/加入蔓生草本植物花样的"Baldyring"十分优美。在格子状的镂空处绣制的图案有很多种，组合在一起可以衍生出变幻无穷的花样 F/手工非常精致的装饰布（Knæduge），运用了数纱绣和抽纱绣2种刺绣技法，下摆可以看到流苏。另外还用十字绣针法绣上了表示制作者的BID和制作年份1839 G/1820~1840年非常流行的抽纱绣技法"Hvidsøm"的特点是用锁链绣勾勒出轮廓。1800年代后半期，人们从下摆很长的衬衫上仅将衣领分离出来用作"装饰领"

A~F图片均来自2018年格雷沃博物馆举办的赫德博刺绣特别展

29

哥本哈根市政厅，钟塔和漂亮的内部装饰非常有特色。历经10年时间于1905年建成

哥本哈根市政厅内的装饰设计中，很多灵感来源于赫德博刺绣，特别是抽纱绣技法"Hvidsøm"

## 令世界瞩目的白线刺绣

在受区域限制的刺绣文化普遍走向衰退的环境下，赫德博刺绣自从在1862年伦敦世界博览会上崭露头角以来，陆续在欧美各地的世界博览会上备受关注。1907年，赫德博刺绣振兴会成立，诞生于丹麦农民文化的、技术精湛的白线刺绣在丹麦国内外得到了广泛传播。其中致力于赫德博刺绣普及活动的主要人物有丹麦皇家艺术学院的教授兼建筑家马丁·纽阿普（Martin Nyrop）。他设计的哥本哈根市政厅就融入了很多赫德博刺绣，主要是抽纱绣技法"Hvidsøm"的设计元素，市政厅内的墙壁和门把手等细节之处都装饰得非常精美。关于赫德博刺绣，他曾经对建筑专业的学生讲："了解素材的特性才能创作出精美的作品。最具代表性的例子就是赫德博刺绣。"当地女性们正是因为经历了亚麻原料的栽培、作为刺绣材料的布料和绣线的纺制等一系列工序，才能充分发挥它们的特性，从而演绎出数纱绣和抽纱绣等各种技法。而且，刺绣作品经过反复的使用和清洗依然结实耐用，长期使用反而增添了特殊的光泽和质感，人们也因此感受到了白线刺绣的别样魅力。

世界手工艺纪行 ㊺
（丹麦）

# 赫德博刺绣

## 赫德博刺绣的未来

赫德博刺绣作为白线刺绣的一个门类，即使在现代也让全世界越来越多的人为之着迷。我也是其中一个，拜访丹麦时一定会去参观展示着历年作品的博物馆。拜访过多次的格雷沃博物馆位于哥本哈根往南约30千米、当时被称为赫登的地区。这家博物馆经常举办以格雷沃市历史文化为主题的展览活动，也会不定期举办赫德博刺绣的特别展。他们在常设展览中再现了1826~1930年农民的富裕生活，可以欣赏到一部分当时的刺绣作品。另外，民众对赫德博刺绣等传统刺绣的兴趣也越来越高，2005年成立了赫德博刺绣小组。12名会员每年都会聚集几次，一边研究传承下来的技术一边创作全新设计的作品。2019年春天拜访博物馆时，我有幸见到了这些会员。在博物馆附近的农村长大的姐妹俩凯恩和亨娜向我们讲述了她们家的"赫德博刺绣历史"。有一次，俩人在屋顶阁楼发现一个箱子，里面放着曾祖母（1882年出生）制作的很多赫德博刺绣作品，在姐妹俩各自的洗礼仪式上都佩戴过的婴儿兜帽也在其中。这是1908年左右制作的，在曾祖母女儿们的洗礼仪式上使用之后代代相传，就在最近凯恩和亨娜的表姐妹的孙子还佩戴过。听说俩人本来对刺绣不太感兴趣，再次看到这顶帽子成为了一个契机，在2009年加入刺绣小组后开始了赫德博刺绣。

作为丹麦农家女性的一门技艺，母亲精心传授给女儿的赫德博刺绣饱含温暖质朴的特性，细腻又精美。今天的我们还能欣赏到诞生于200多年前的手工艺真是莫大的幸福，让人热血沸腾。当时的作品中有太多值得学习的内容。

如今，作为材料的亚麻布和绣线的材质与当时大不相同，生活方式也发生了巨变，赫德博刺绣作品的形式也不可避免地转变着。不过，创造力和想象力丰富的赫登女性们一直秉承着精湛的技法和优美的设计，力求创作的作品可以融入现代生活。

其中就有一种叫作"Aesker"的刺绣小布盒。这也是我在丹麦留学时邂逅的手工艺品。将厚纸裁剪后制作成盒子的框架，然后在周围粘贴布料，最后在侧面和盖子上嵌入刺绣作品。这种实用性很强的小布盒，可以充分展现出赫德博刺绣的魅力。

使用白线和白布进行刺绣，无论是细致运针的过程，还是耗费很长时间完成后使用作品的时候，都有一定程度的紧张感，更有一种很特别的感觉。白色世界带给我们的那份"特别的喜悦"无论现在还是过去从未改变，这或许就是赫德博刺绣的最大魅力吧。为了家人和重要的朋友精心制作的作品永远是最美、最可爱的，希望这门精巧的手工艺今后可以一直传承下去。

洗礼仪式上使用的婴儿兜帽，代代相传，备受珍惜

H/抽出织线后进行挑绣的样子 I/制作小布盒的乐趣在于可以根据收纳物品自由设计大小和形状。这是加入隔断的双格针盒 J/制作成房子形状的小布盒"丹麦的回忆小屋",大门使用了数纱绣,窗户使用了抽纱绣 K/布料的选色也是充满趣味的一道工序 L/收集的相关图书,丰富多样的技法及其精美程度自不必说,历史背景也非常吸引人 M/日文版《HEDEBO丹麦传统白线刺绣》的封面以及刊登的作品范例

佐藤千寻(Chihiro Sato)

刺绣、小布盒手工艺作家。出生在东京。受到《长袜子皮皮》作者阿斯特丽德·林格伦的影响,自幼对北欧有着强烈的憧憬。1993年前往丹麦的斯凯尔斯手工艺学校留学。目前通过工作室的教室和讲习会开展丹麦小布盒、立体刺绣、赫德博刺绣(Hedebo)等各种技法教学。著作颇丰,有《HEDEBO 丹麦传统白线刺绣》(日本宝库社出版),《小图案刺绣》、《字母刺绣》(均为日本NHK出版)等。

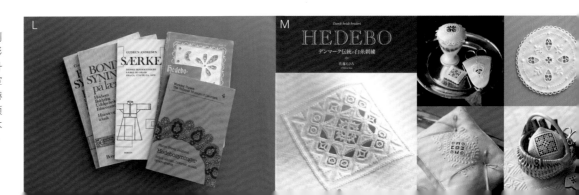

# Magic Needle

[织物自由变化研究]

## 让我们用魔法一根针编织吧

魔法一根针可以编织出"钩针、棒针、阿富汗针"3种织物的纹理。
今年夏天，不如一起来挑战新的编织技法吧！

photograph Shigeki Nakashima   styling Kuniko Okabe,Yuumi Sano
hair&make-up Daisuke Yamada   model Emma Koyama（173cm）

### 五彩缤纷的束口袋

魔法一根针最早是为了初学者以及不方便使用棒针的人开发的，但是也希望编织达人能灵活运用。因为针头是钩针的形状，烦琐的穿针交叉也可以轻松操作。这两款束口袋都使用了各种元素，试试通过它们打开通往新世界的大门吧！

设计/绀野良子
编织方法/121页
使用线/左（A）钻石线，右（B）芭贝

# 条纹花样长围巾

看起来非常精致，其实编织起来很简单，试试挑战
大一点的围巾吧！一边编织漂亮的镂空锁针花、下
针、基本阿富汗针以及短针组成的条纹花样围巾，
一边体验用1根针玩转3种技法的神奇的编织快感吧。

设计 / 绀野良子
编织方法 /122 页
使用线 / 芭贝

# 围巾的编织方法

魔法一根针的组件包括：两端分别带钩子和针鼻儿的针、2根绳子、1个夹子。

## 编织花样

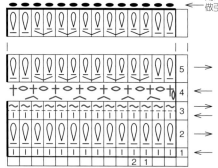

用Palpito线做引拔收针

$\bigcirc$ = 锁针花

配色 { — = Palpito
— = Cotton Kona Fine

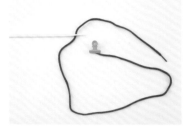
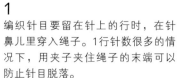

**1**
编织针目要留在针上的行时，在针鼻儿里穿入绳子。1行针数很多的情况下，用夹子夹住绳子的末端可以防止针目脱落。

**2**
钩指定数量的锁针起针，从上面握住针。

**3**
因为针上的线圈就是第1针，所以跳过1针在锁针的里山插入针头。

**4**
将线拉出。编织下针。重复此操作。

**5**
第1行完成后，将针目移至绳子上。

**6**
转移针目后的状态。从针上取下绳子，将另一根绳子穿在针上。

**7**
将织物翻至反面。在前一行的针目里插入针头，将线拉出。

**8**
再次挂线，将线长长地拉出。

**9**
这样就完成了1针"锁针花"。重复此操作。

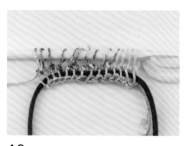

**10**
第2行完成。将针目移至绳子上，抽出第1行里的绳子重新穿在针上。

**11**
将织物翻回正面，编织下针。

**12**
第3行的前进编织完成。将针目保留在针上。

**13**
将线从前往后挂在针上，换成配色线，引拔穿过刚才的挂线和1个线圈。

**14**
接着依次引拔穿过2个线圈，编织退针。

**15**
第3行完成。抽出绳子。

**16**
第4行立织1针锁针，如箭头所示插入针头钩织短针。

**17**
再钩1针锁针，在后面2针里插入针头，将线拉出。

**18**
钩织短针。重复此操作。

**19**
在最后一针里钩织短针，不过最后一步用第3行前进编织后暂停的线引拔。第4行完成。

**20**
翻至反面，挂线后长长地拉出，钩织锁针花。

**21**
在锁针上整段挑针，按符号图钩织锁针花。

**22**
第5行完成。将针目移至绳子上。重复以上操作编织指定行数。

**23**
编织结束后，第1针编织下针。

**24**
在下个针目里插入针头，一次性引拔穿过2个线圈。

**25**
重复此操作，做引拔收针至末端。

**26**
完成。

# 束口袋的编织方法

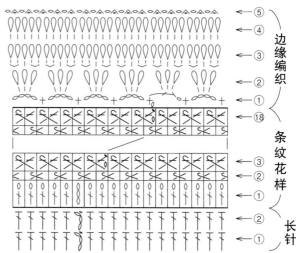

边缘编织
条纹花样
长针

配色
— = 藏青色
— = 深粉色
— = 灰色

**1**
环形起针，按符号图一边加针一边钩织长针。

**2**
条纹花样的第1行针目要留在针上，所以在针鼻儿里穿入绳子。1行针数很多的情况下，用夹子夹住绳子的末端可以防止针目脱落。

**3**
在长针最后一行做最后的引拔操作时换色，立织3针锁针作为条纹花样第1行的起立针。

**4**
针头挂线，在前一行插入针头，将线拉出。

**5**
针头挂线，引拔穿过针上的2个线圈，钩织长针。

**6**
再次挂线，引拔穿过针上的1个线圈，钩1针锁针。

**7**
长针上面加1针锁针完成。重复步骤4~6。

**8**
针上聚集很多针目后，留下3~5针将其他针目移至绳子上。

**9**
转移针目后的状态。重复相同方法继续环形编织。

**10**
第1行完成后，将针目全部移至绳子上。从针上取下绳子，再将另一根绳子穿入针鼻儿。

**11**
第2行在前一行的最后一针和第1针里插入针头。

**12**
从右边的针目里拉出左边的针目。

**13**
挂上新线拉出。

**14**
在右边的针目里插入针头，同样挂线拉出。

**15**
右套左的交叉针完成。重复相同操作，针上聚集很多针目后，一边将针目移至绳子上一边编织。

**16**
第2行完成后，将针目全部移至绳子上，抽出第1行的绳子。

**17**
第3行与第2行一样，在前一行的最后一针和第1针里插入针头拉出针目。

**18**
立织1针锁针，钩织短针。

**19**
再在右边的针目里插入针头，钩织短针。

**20**
短针的右套左的交叉针完成。重复相同方法继续编织。

**21**
完成1行后换线，在最初的针目里引拔。按条纹花样编织指定行数。

**22**
边缘编织的第1行重复"1针短针、4针锁针"，最后钩1针锁针和1针长针。接着针头挂线，长长地拉出线。

**23**
1针锁针花完成。在第1行里插入针头，再钩2针锁针花。

**24**
按符号图继续编织。针上聚集很多针目后，将针目移至绳子上。

**25**
编织指定行数后，在最后一针和第1针里插入针头一次性引拔。

**26**
钩1针锁针，在后面2针里插入针头引拔。重复此操作。

# 去海滩

盛夏的一大要事就是度假了。节庆编织栏目虽然以玩偶居多，但是本期为大家介绍的毛衫和小物正好适合夏日玩水时穿搭。

photograph Toshikatsu Watanabe
styling Terumi Inoue

## 多用泳衣两件套

穿上编织的泳衣确实很难游泳，但是在水边
肆意玩耍时，拥有这样一套装束，心情会更
加愉悦吧。

设计 /YOSHIKO HYODO
制作 /山田加奈子
编织方法 /124 页
使用线 /达摩手编线

## 沙滩子母包

还有什么可以搭配编织泳衣呢？编织爱好者
大展身手了！配套的迷你挂包也编织起来
吧，一定会成为海滩上的焦点。

设计 /YOSHIKO HYODO
制作 /山田加奈子（迷你挂包）
编织方法 /123、124 页
使用线 /达摩手编线

浏览外国网站，我们会看到以钩编为主的各种泳
衣。其中有很多可爱的设计，不由得想哪一天要挑
战一下，就是有点难……不过，这样风格的衣服可
以穿在泳衣的外面，也可以作为夏天的家居服，非
常实用。宛如浪花的配色花样和裤子的编织花样
部分是钩针编织，简洁的下摆和育克部分加入了
棒针编织。短针钩织的沙滩包既防水又有很大的
容量，再加上配套的迷你挂包可以当作口袋，真
是方便又好用。

# Color Palette

## 造型百变的帽子和包包

想到了就立刻编织，完成了就想马上出门！
充满夏季色彩的缤纷小物是点缀自己的最佳配饰。

photograph Shigeki Nakashima  styling Kuniko Okabe, Yuumi Sano
hair&make-up Daisuke Yamada  model Emma Koyama（173cm）

**米色**
短针钩织的渔夫帽无论休闲风还是连衣
裙等甜美风都能完美搭配。用这种颜色
编织，就是一款可以日常佩戴的夏季必
备单品。

制作/真野章代
编织方法/128、130页
使用线/奥林巴斯

## 玫红色

鲜艳的玫红色包包是将帽子颠倒过来的形状。包包主体的编织方法与帽子的帽顶和帽身相同,加上包盖就变成了手提包。透着一股20世纪60年代的韵味,可爱得让人着迷。

## 褐色

帽顶和帽身的编织方法与米色的帽子相同,此外加长了帽檐,并且加入了开衩的设计。扎马尾辫时戴起来也很漂亮。蝴蝶结部分与帽檐连起来编织,用扣带加以固定,这种编织方法十分有趣。

## 橘色和藏青色

在渔夫帽的基础上加入了粗条纹。改变配色和条纹的宽度就会给人不同的感觉。也可以在帽檐上稍加调整,打造专属于自己的"百变"夏日小物吧。相信很快就会拥有一款心仪的作品!

## 姜黄色和沙米色

姜黄色的包包搭配起来非常亮眼。包包主体的编织方法与帽子的帽顶和帽身相同。包身稍微加长一点,相当于包盖的网眼部分使用了不同的颜色作为点缀。

# Yarn Catalogue

## 「春夏毛线推荐」

爽滑的手感、轻柔的编织体验……无不彰显了夏季线的独特质感。
清新的色调也是一大魅力。

photograph Toshikatsu Watanabe  styling Terumi Inoue

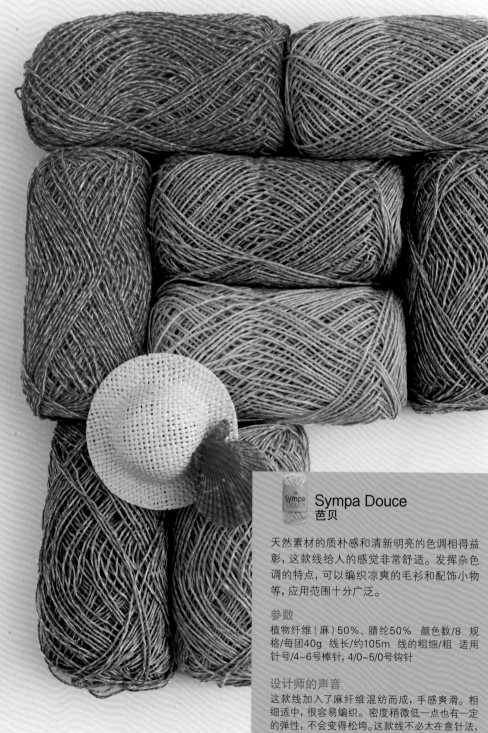

### Palpito
芭贝

漂亮的色彩渐变以及形状和质感的变化都让人心动，这便是线名Palpito的由来，意思是"心跳"。即使简单的花样，也能编织出富有韵味的优雅感觉。

参数
棉55%、人造丝25%、涤纶20%  颜色数/6  规格/每团50g  线长/约118m  线的粗细/中粗  适用针号/7~9号棒针，7/0~9/0号钩针

设计师的声音
不断变化的颜色让人百织不厌。特别适合编织针目比较疏松的魔法一根针作品。（绀野良子）

### Sympa Douce
芭贝

天然素材的质朴感和清新明亮的色调相得益彰，这款线给人的感觉非常舒适。发挥杂色调的特点，可以编织凉爽的毛衫和配饰小物等，应用范围十分广泛。

参数
植物纤维（麻）50%、腈纶50%  颜色数/8  规格/每团40g  线长/约105m  线的粗细/粗  适用针号/4~6号棒针，4/0~5/0号钩针

设计师的声音
这款线加入了麻纤维混纺而成，手感爽滑。粗细适中，很容易编织。密度稍微低一点也有一定的弹性，不会变得松垮。这款线不必太在意针法，也非常适合初学者。（风工房）

### La Provence 系列
### Pont du Gard
后正产业 Pierrot Yarns

顶级的100%法国亚麻线，线质柔软，富有雅致的光泽。用得越多，洗得越多，质感越柔软，织物的纹理也会逐渐发生变化，越穿越有韵味。夹杂着白色的雪花混色效果给人一种柔和梦幻的美感，非常适合编织清凉感十足的毛衫。

参数
法国亚麻100%　颜色数/4　规格/每团40g　线长/约161m　线的粗细/细至中细　适用针号/2~3号棒针，2/0~3/0号钩针

设计师的声音
织物自带亚麻的清凉感。虽然偏细，但是作品轻透且不易变形。漂亮的混色效果也很适合用来编织夏季的小配饰。（奥住玲子）

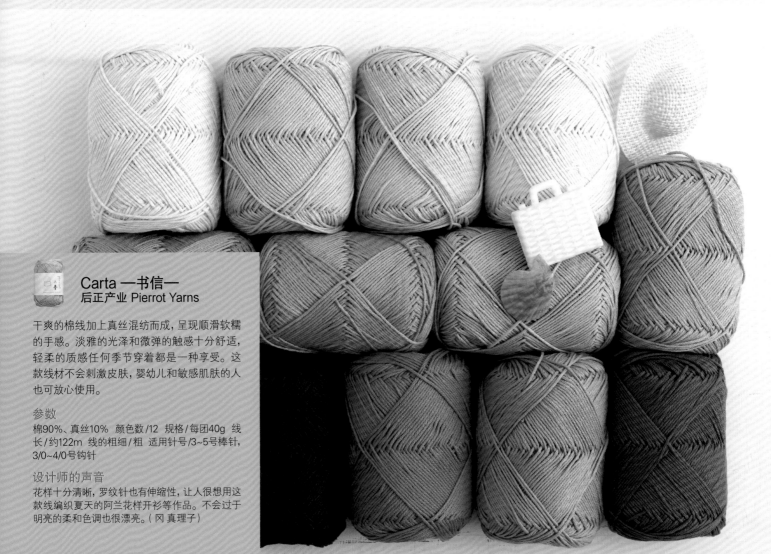

### Carta 一书信一
后正产业 Pierrot Yarns

干爽的棉线加上真丝混纺而成，呈现顺滑软糯的手感。淡雅的光泽和微弹的触感十分舒适，轻柔的质感任何季节穿着都是一种享受。这款线材不会刺激皮肤，婴幼儿和敏感肌肤的人也可放心使用。

参数
棉90%、真丝10%　颜色数/12　规格/每团40g　线长/约122m　线的粗细/粗　适用针号/3~5号棒针，3/0~4/0号钩针

设计师的声音
花样十分清晰，罗纹针也有伸缩性，让人很想用这款线编织夏天的阿兰花样开衫等作品。不会过于明亮的柔和色调也很漂亮。（冈真理子）

十刻®

懂织女的手编线。

# 日 光 棉

**十刻®日光棉**

享受时间的馈赠，用心感受宁静与惬意。此刻深陷柔软日光，微笑向暖！
日光棉甄选优质新疆长绒棉为原材料，色泽鲜亮，不易褪色、起球。
新疆长绒棉被称为"棉中贵族"，因生长周期长、日照足，故而棉朵大、质
地柔韧细腻；因纤维长、细、平直，故而纺出的纱线柔软、亮泽、透气，
染色能力极佳。
保持热爱，来日方长！

# Ξ.Z.逸致
## SHOKAY 绣嘉

## 藏地软黄金　传承手工艺

· 武汉逸致文化创意有限公司是一家以编织手工艺进行文创设计的新型公司，拥有自主品牌E.Z.设计，制作博采众长、工艺精湛的手工蕾丝作品和纤维制品。公司竭诚为编织爱好者提供高质量教学服务以及高品质线材。

· 武汉逸致文化创意有限公司与绣嘉贸易(上海)有限公司共同开发了白牦牛绒蕾丝系列线品。白牦牛属古老品种，数量极少，在古代被认为是山神的化身，还曾作为贡品进献给朝廷。白牦牛绒能染色，经济价值高，是动物纤维中的珍品，被誉为"藏地软黄金"。今天，逸致选取这种珍稀纤维创作了一系列白牦牛绒蕾丝作品，作为可传承精品，深受编织爱好者喜爱，被竞相收藏。

「米瑞尔达白牦牛绒蕾丝长裙」

# Let's Knit in English!
## 西村知子的英语编织—⑪

### 任何季节都想编织的"圈圈针"
photograph Toshikatsu Watanabe    styling Terumi Inoue

好久没有编织圈圈针了，再次编织让我想起了很久以前（从事编织工作前）的事情。那时对圈圈针非常着迷，还编织了迷你围巾送给职场的女性朋友们。用毛线和其他材质的线合股编织会更加有趣。

圈圈针虽然多用在秋冬的编织物中，其实变换一下线材就可以不受季节的限制……基于这样的想法，我决定在本期夏季刊中为大家介绍这个针法。

日语的圈圈针在英文中叫作Loop Stitch。这里除了用钩针钩织的常用的圈圈针外，还将一并为大家介绍用棒针编织的圈圈针，以及效果非常相似的毛圈针（Fur Stitch）。

一般的圈圈针中，线圈的长度通过手指上的挂线长度进行调节。但是花样C中，我们可以通过将长针换成中长针或长长针，或者增加锁针的数量来改变织物的纹理。

顺便说一下，编织圈圈针时，有时会用到平常很少使用的手指。所以先将5根手指的英文也放在下面。

拇指= thumb
食指= index finger
中指= middle finger
无名指= ring finger
小指= pinky（or little）finger
※本文中使用的是美式英语的表达方法
不妨试试在小物件或织物的局部使用圈圈针吧。

---

### 通用的编织用语

| 缩写 | 完整的编织用语 | 中文翻译 |
|---|---|---|
| LH | left hand | 左手 |
| RH | right hand | 右手 |
| prev | previous | 前面的 |
| rep | repeat | 重复 |

### < Pattern A > Loop Stitch (using crochet hook)

Chain any number of stitches. Turn.
Row 1 (RS): Ch1. Sc into each st. Turn.
Row 2 (WS): Ch1. *Insert hook into next st, then pull working yarn down to the back (to the RS) using your left middle finger and keep it this way (this becomes the loop) while working sc as usual. Remove middle finger from loop; rep from * to end.
Repeat last 2 rows.

### <花样 A >圈圈针（使用钩针编织）

钩锁针起针（数量不限）。翻转织物。
第1行（正面）：立织1针锁针。在每个针目里钩1针短针至最后。翻转织物。
第2行（反面）：立织1针锁针。【在下个针目的头部2根线里插入针头，用左手中指将线向下拉出一小段（这就是圈圈针的线圈），将线圈压在织物的后侧（正面）钩织短针后，从线圈中退出左手中指】，重复【~】至最后。
重复以上2行。

### < Pattern B > Loop Stitch (using knitting needles)

CO any number of stitches.
Row 1 (WS): K1, purl to last st, k1.
Row 2 (RS): K1, *k1 but without dropping stitch off from LH needle, bring yarn to front and pull a length of working yarn down and hold using left middle finger or thumb, bring yarn to back and k1 (into st remaining on LH needle) off the needle, then pass the 2nd st on RH needle over the 1st st; rep from * to last st, k1.
Repeat last 2 rows.

### <花样 B >圈圈针（使用棒针编织）

起针（数量不限）。
第1行（反面）：1针下针，编织上针至最后剩1针，1针下针。
第2行（正面）：1针下针，【编织1针下针后不要取下左棒针上的针目，将线移至前面，用左手中指或拇指从上往下压线，将线压在织物的前面，在此状态下将线移至后面，将棒针插入刚才留在左棒针上的针目里编织1针下针，从左棒针上取下针目。将右棒针上的第2针覆盖在第1针上】，重复【~】至最后剩1针，1针下针。
重复以上2行。

---

### 编织用语缩写一览表
#### 钩针编织（美式英语的钩针编织用语）

| 缩写 | 完整的编织用语 | 中文翻译 |
|---|---|---|
| – | back loop | （针目头部的）后面半针 |
| ch | chain | 锁针 |
| dc | double crochet | 长针 |
| hdc | half double crochet | 中长针 |
| trc | treble crochet | 长长针 |
| sc | single crochet | 短针 |
| sl st | slip stitch | 引拔针 |

#### 棒针编织

| 缩写 | 完整的编织用语 | 中文翻译 |
|---|---|---|
| CO | cast on | 起针 |
| k | knit | 下针 |
| RS | right side | 正面 |
| st(s) | stitch(es) | 针目，针 |
| WS | wrong side | 反面 |

花样中使用的线材　A：达摩手编线 Linen Ramie Cotton（中粗）（2种颜色各取1根线合股编织）　B：DMC Woolly　C：Rich More Suvin Gold

## < Pattern C > Fur Stitch (using crochet hook)

Note: The remaining loop of the dc worked in the previous RS row becomes the back loop used in Row 3.
Chain any number of stitches. Turn.
Row 1 (RS): Ch2. Dc across. Turn.
Row 2 (WS): Ch1. Sl st in back loop of 1st dc, *ch7, push ch loop to RS, sl st into back loop of next dc; rep from * to end. Turn.
Row 3: Ch2. Dc in back loop of prev dc to end of row. Turn.
Rep Rows 2 and 3.

## <花样C>毛圈针（使用钩针编织）

※第3行的"后面半针"是指前2行长针头部剩下的半针
钩锁针起针（数量不限）。翻转织物。
第1行（正面）：立织2针锁针。在每个针目里钩1针长针至最后。翻转织物。
第2行（反面）：立织1针锁针。在前一行第1针长针的后面半针里钩引拔针，【钩7针锁针，将钩好的锁针压在织物的正面，在下个长针的后面半针里钩引拔针】，重复【~】至最后。翻转织物。
第3行：立织2针锁针。在前2行长针的后面半针里依次钩1针长针至最后。翻转织物。
重复第2、3行。

**西村知子（Tomoko Nishimura）：**
幼年时开始接触编织和英语，学生时代便热衷于编织。工作后一直从事英语相关工作。目前，结合这两项技能，在举办英文图解编织讲习会的同时，从事口译、笔译和写作等工作。此外，拥有公益财团法人日本手艺普及协会的手编师范资格，担任宝库学园的"英语编织"课程的讲师。著作《西村知子的英文图解编织教程+英日汉编织术语》（日本宝库社出版，中文版由河南科学技术出版社引进出版）正在热销中，深受读者好评。

# 东海绘里香的
# 配色编织
# 夏日毛衫

本期带来的是鲜少用夏季线的东海绘里香老师的突破性作品：夏季线的配色编织作品。

自带凉意的小企鹅、夏季色调的几何花样，你更喜欢哪一款呢？

photograph Shigeki Nakashima
styling Kuniko Okabe,Yuumi Sano
hair&make-up Daisuke Yamada
model Emma Koyama（173cm）

### 企鹅图案套头衫

用爽滑的棉线配色编织了小企鹅。叠穿或者单穿均可，可以穿很长时间。用夏季线纵向渡线配色编织时，换线交叉处的针目容易松弛，注意要拉得稍微紧一点。

协助制作／铃木贵美子

### 几何花样条纹背心

因为线材的色调非常漂亮，于是使用所
有颜色编织了简单的几何花样条纹。在
此基础上希望再有一点变化，所以在若
干处编织上针增加了立体感。虽然是横
向渡线编织，尺寸也比较大，但是作品
非常轻，这也要归功于所用的线材。

协助制作/龟田 爱

# 乐享毛线 Enjoy Keito

本期将为大家介绍使用 Keito 热推毛线编织的夏季单品。

photograph Hironori Handa　styling Masayo Akutsu　hair&make-up Yuri Arai　model Jane（173cm）

## Saredo
## RE re Ly

再生棉100%　颜色数/9　规格/每筒100g　线长/约
280m 线的粗细/粗 适用针号/棒针3~6号
100% 使用日本纺织工厂生产过程中的落棉（未经利用
的棉纤维）加工而成的再生棉空心带子线。这是一款日
本制造的环保线材。

## 镂空花样圆育克
## 套头衫

爽滑的棉线加上简单的镂空花样，完成了这款充
满夏日气息的作品。褶边是最后挑针钩织的，请
根据个人喜好决定是否需要。

设计/Keito
制作/须藤晃代
编织方法/132页
使用线/Saredo RE re Ly

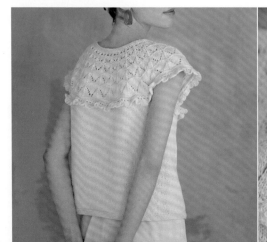

我们是一家经营世界各地优质特色毛线的毛线店。从2023年开始主营网络商城。

## FEZA
## Alp Dazzle（左）

锦纶32%、腈纶26%、黏胶纤维18%、羊毛14%、棉6%、金银丝4% 颜色数/14 规格/每桄100g 线长/约190m 线的粗细/极粗 适用针号/棒针12~13号

## Alp Natural（右）

棉40%、人造丝30%、亚麻20%、真丝10% 颜色数/13 规格/每桄110g 线长/约210m 线的粗细/中粗 适用针号/棒针6~7号

这两款线材都是由相同色调、不同材质的线不断打结连接而成的。不同的购买时间，所含线的种类也不尽相同，是可遇不可求的线材。

# 波纹蕾丝披肩

一边编织波浪形花样，一边感受不断变化的线材，真是其乐无穷。这款披肩的镂空花样十分清凉，不同的颜色可以编织出不同的效果。

设计 /miu_seyarn
编织方法 /134页
使用线 /FEZA Alp Dazzle、Alp Natural

# 用Air Tulle线 编织外出包包

明明是粗线，成品却很轻，
最适合手编包包了。
今年夏天，
用这款超级解压的新线材编织哪件作品呢？

photograph Shigeki Nakashima styling Kuniko Okabe,Yuumi Sano
hair&make-up Daisuke Yamada model Emma Koyama (173cm)

## 可爱水桶手提包

这是一款夏日必备的购物包。日光下格外鲜
亮的配色绝对让人心情愉悦，可是用夏季线
编织往往会过于沉重。这样的烦恼就交给网
纱线吧！不仅轻韧，针数与行数也是少得惊
人，编织起来就像做梦一样。

设计/越膳夕香
编织方法/136页
使用线/Joint

52

# 休闲口金包

轻便休闲的包包，最适合外出时携带了。几乎
感受不到包包自身的重量，就像空着手出门一
样。100％锦纶材质的网纱线呈色优美，手感柔
滑，也是其独特的魅力所在。

设计/越膳夕香
编织方法/135页
使用线/Joint

# Let's Dye! 一起加入手染匠的队伍吧!

## 试试自己染线编织

很想自己染线，但是好像很难……好消息来了!
使用无须预处理的手染坯线享受染色的乐趣吧。

photograph Toshikatsu Watanabe,Noriaki Moriya(process)  styling Terumi Inoue

监制  uraha

### 双色调长筒袜

设计 /uraha
编织方法 /138 页
使用线 / 和麻纳卡 itoa 手染坯线 中细棉线

## 工具

- 水盆（洗脸盆等）
- 电子秤
  （起跳重量0.5g）
- 耐热容器（烧杯、碗）
- 温度计
- 橡胶手套
- 塑料绳
- 调色瓶
- 喷雾瓶（小）
- 平底方盘
  （长327mm×宽245mm×高48mm）
- 金属网格
  （长305mm×宽220mm）
- 保鲜膜
- 微波炉

**方便的小工具**
- 伞撑
- 绕线器
- 酒精湿巾

## 材料

itoa手染坯线
①中细棉线（和麻纳卡）100g

用于染线的染料
②~⑦棉、麻、人造丝专用
液体染料
BEST COLOR MINI（松谦）

固色剂
⑧棉、麻、人造丝专用
固色剂
BEST FIX MINI（松谦）

助染剂
⑨棉、麻、人造丝专用
低温助染剂
BEST COLD MINI（松谦）

⑤ ④ ③ ②

⑨ ⑧ ⑦ ⑥

①

※操作时，请穿上弄脏了也没关系的衣服
※清洗用手染线编织的作品时，请与其他衣物分开

# 试试给双色调袜子的编织线染色吧！

**第1步** | 将100g的桃线分成70g和30g两部分

## 使用伞撑和绕线器的情况

**1**
先将绕线器的线筒放在电子秤上称一下重量，将刻度设置成0g。设置完成后，再将线筒装回到绕线器上。

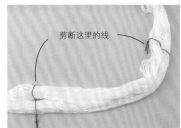

剪断这里的线

※为便于理解，这里使用了不同颜色的线

**2**
打开拧好的桃线，将固定线束的线剪断，再将桃线挂到伞撑上。

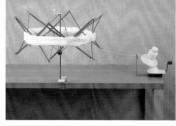

**3**
将线挂到伞撑上后，就可以开始用绕线器绕线了。绕160圈左右后，称一次线的重量。

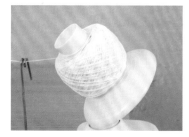

**4**
从绕线器上将线团与线筒一起轻轻地取下。

**5**
将取下的线团和线筒放在电子秤上称一下重量（注意不要从线筒上取下线团）。

※为便于理解，这里使用了不同颜色的线

**6**
用绕线器绕好30g的线团后将线剪断。为了避免桃线缠在一起，如图所示用其他线呈8字形绑好。

为了防止桃线在漂洗时发生缠绕，先用塑料绳扎紧

**7**
原来的桃线分成了70g的桃线和30g的线团。

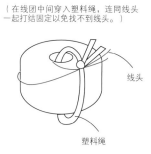

（在线团中间穿入塑料绳，连同线头一起打结固定以免找不到线头。）

线头

塑料绳

# 第2步 | 多色段染的染线方法

## 倒上染料，进行染色

**1**
在水盆或洗脸盆里倒入可以浸没毛线的水，将线全部浸湿。

**2**
将线拧干，对折后放在平底方盘和金属网格上。

**3**
在耐热容器中倒入60℃以上的热水，再倒入适量的染料和助染剂搅拌均匀（分量请参照第57页）。

**4**
将步骤3中制作的染料倒入调色瓶，然后慢慢倒在想要染色的部分，揉捏毛线使染料渗透。

**5**
按浅色到深色的顺序倒上染料。（染料不小心弄脏桌子等物品时，可以用酒精湿巾擦拭干净。）

**6**
这是倒上3种颜色的染料后的状态。静置15分钟。（不需要彩点花色时静置30分钟。）

**7**
静置15分钟后加入彩点花色，按步骤3的要领分别制作染料（分量请参照第57页），灌入喷雾瓶进行喷染。

**8**
随机喷洒的彩点作为点缀，形成更加富有韵味的色调。喷完染料后，再静置15分钟。

## 固定颜色

**1**
在60℃以上的热水中放入适量的固色剂搅拌均匀（分量请参照第57页）。

**2**
一边将步骤1的固色液体均匀地倒在静置30分钟后的毛线上，一边进行揉捏（喷上彩点的部分无须揉捏，直接从上面倒上固色液体）。

**3**
拉出长长的保鲜膜，将毛线轻轻地拧在一起放在保鲜膜上，包成细细的长条。再从一端开始卷起来。

**4**
用保鲜膜卷紧后的状态。在此基础上再卷1层保鲜膜（防止染料渗漏）。

**5**
放进微波炉，用500W加热2分钟。加热完成后，从微波炉中取出，包着保鲜膜的状态下放置一边冷却。

**6**
冷却后去除保鲜膜，用清水漂洗直到没有浮色。

**7**
清洗完成后拧干，挂在通风的阴凉处晾干。染色就完成了。
※用过的染料可以直接倒入排水槽（不会破坏环境），或者与报纸等一起扔进垃圾袋里作为可燃垃圾处理

# 第3步 | 纯色的染线方法

## 浸泡在染料中染色

**1**
在水盆或洗脸盆里倒入可以浸没毛线的水，将线全部浸湿。

**2**
在耐热的碗中倒入60℃以上的热水，放入适量的染料和助染剂搅拌均匀（分量参照下表）。

**3**
将步骤1中浸泡过的线团拧干，放入步骤2的碗中。

**4**
揉捏线团使染料渗透到毛线里，注意不要弄散线团。然后静置15分钟，翻转线团再揉捏一会儿，静置15分钟。

## 固定颜色

**5**
从染液中取出线团拧干，在60℃以上的热水中放入适量的固色剂搅拌均匀后倒在毛线上，揉捏一会儿后静置15分钟。再揉捏一会儿，继续静置15分钟。

**6**
轻轻拧去固色液体后包上2层保鲜膜，放入微波炉用500W加热2分钟。然后包着保鲜膜的状态下放置一边冷却。

**7**
去除保鲜膜，用清水漂洗直到没有浮色。清洗完成后拧干，挂在通风的阴凉处晾干。染色就完成了。

**8**
30g的纯色线完成。

### 红色系段染（手染线100g）材料使用量

|  | 热水 | 染料 | 助染剂 | 固色剂 |
|---|---|---|---|---|
| 樱桃粉色 | 120g | 4g | 8g | |
| 黄色 | 40g | 2g | 4g | 热水160g |
| 紫色 | 40g | 2g | 4g | + |
| 宝蓝色 | 50g | 0.5g | 1g | 固色剂12g |
| ↓喷雾用 | | | | |
| 海军蓝色 | 无 | 2g | 无 | |

※ 因为想要突显海军蓝色，所以使用原液（无须稀释）
※ 助染剂的使用量是染料的2倍（海军蓝色除外）
一边观察颜色在毛线上融合的效果，一边染出自己喜欢的色调！

### 蓝色系段染（手染线70g）主体的材料使用量

|  | 热水 | 染料 | 助染剂 | 固色剂 |
|---|---|---|---|---|
| 黄色 | 100g | 5g | 10g | |
| 宝蓝色 | 100g | 0.5g | 1g | 热水160g |
| 紫色 | 100g | 5g | 10g | + |
| ↓喷雾用 | | | | 固色剂12g |
| 樱桃粉色 | 5g | 1g | 2g | |
| 深棕色 | 5g | 1g | 2g | |

※ 助染剂的使用量是染料的2倍

### 蓝色（手染线30g）袜头、袜跟、袜口的材料使用量

|  | 热水 | 染料 | 助染剂 | 固色剂 |
|---|---|---|---|---|
| 宝蓝色 | 160g | 2g | 4g | 热水160g<br>+<br>固色剂12g |

※ 助染剂的使用量是染料的2倍

---

## 和麻纳卡 itoa 手染坯线系列

eco-ANDARIA
人造丝100%
适用针号：
钩针5/0~7/0号

中粗亚麻线
亚麻100%
适用针号：
钩针5/0号，棒针5~6号

中细亚麻线
亚麻100%
适用针号：
钩针3/0号，棒针4号

中粗棉线
棉100%
适用针号：
钩针5/0号，棒针5~6号

中细棉线
棉100%
适用针号：
钩针3/0号，棒针4号

这个系列的线材已经经过洗涤和柔顺处理，染料的附着性很强，用水浸湿后便可以轻松完成染色工序。春夏线材系列除了棉麻线，还加入了eco-ANDARIA（和纸线）。请根据作品需要选择自己喜欢的线材。

# 林琴美的快乐编织

Photograph Toshikatsu Watanabe, Noriaki Moriya(process) styling Terumi Inoue

## 试一次就乐此不疲的葡萄牙式编织

在东京外文书店看到的《葡萄牙式编织》。书中含有详细的步骤分解图片和作品

委托厂家制作的带钩子的编织针。主要当作短小的单头阿富汗针用于环形编织

经典编织书
1938年出版。从编织历史到针目的详细解说、技法、熨烫整理等内容，附有大量插图，简单易懂

美国销售的别针。听说在手工艺品店等地方经常可以看到

安德莉亚老师前往安第斯地区采访时的照片。安第斯地区又有另外一种独特的编织方法，趣味十足

安德莉亚老师。正用别针挂着线编织。

棒针编织根据挂线方法可以分为右手挂线的英式（美式）和左手挂线的欧洲大陆式（法式）两种编织方法，这里说的葡萄牙式不属于任何一种。话虽如此，大部分人应该很难想象吧。我在几年前偶然看到一本书《葡萄牙式编织》（*Portuguese Style of Knitting*），出于好奇就买了回来。并不是说这种方法可以编织出独特的纹理，从照片上看是将线挂在颈部进行编织。编织方法和挂线方法好像很特别。我感觉这种挂线方法与安第斯地区人们编织的照片中如出一辙，查阅资料后得知确实是相同的方法。

安第斯地区位于南美。南美曾经是葡萄牙和西班牙等国的殖民地，我不禁心生疑惑，这种编织方法究竟是从欧洲传到南美，还是从南美传到欧洲呢？读着读着才了解到，那是成为殖民地后传进来的。而且，书中还写到，这种编织方法是用带钩子的针编织的。关于这种针，在 *Mary Thomas's Knitting Book* 一书中也有提到过，据说早期的编织针就是带钩子的。我在阅读这本书之前就曾经有过这样的想法，要是棒针也有钩子，初学者就能更简单地学会编织了……知道这种编织方法后不由得开心起来，原来过去的人们也是这样想的。这本书中还描述了法国南部地区的牧羊人将线挂在别针上，借助左手的拇指编织的方法。而这种将线挂在颈部或者胸前的别针上、利用左手拇指编织的方法恰好是《葡萄牙式编织》一书中介绍的方法（见第141页的解说），好像在葡萄牙、西班牙、希腊、埃及、土耳其、秘鲁、保加利亚这些国家也能看到这种编织方法。

尝试用这种方法编织后发现，上针真是太简单了！简单得让人激动，今后起伏针的正反面只想编织上针。我在拙著《北欧编织之旅》中写过这样一句话，很多编织者觉得上针很难……如果用这种方法编织，上针要比下针简单多了！很久以前我就一直想请教这本书的作者，可惜没有联络方式。不过，机缘巧合下得知擅长多米诺编织的薇薇安老师认识作者，便请她代为联系，才得以向作者安德莉亚老师请教了很多问题。

安德莉亚老师从小在巴西的圣保罗长大，教会她母亲编织的是住在隔壁的葡萄牙人。她是从母亲

那里学会编织的，自然学到了相同的编织方法。但是，结婚后在巴西南部居住期间参加编织课程的学习时，老师指出只有圣保罗人才使用这样的编织方法，她才知道自己的编织方法与别人不同。同样是在巴西，南部地区的德国移民比较多，使用的是欧洲大陆式编织方法。开始在美国定居后，很多编织者对她的编织方法感兴趣，她就开始了教学。《葡萄牙式编织》这本书就是为了满足学生们想要参考书的需求而编写的。在此之前，这种编织方法并没有特定的名称，于是她将其命名为"葡萄牙式

编织"。虽然她本人没有使用带钩子的针编织，但是薇薇安老师寄给我的照片上是安德莉亚老师送给她的5根带钩子的针。为此我特意询问了安德莉亚老师，她告诉我，虽然在巴西不使用这种针，但是葡萄牙和土耳其、秘鲁都在使用。

安德莉亚老师的书中也介绍了将别针别在胸前挂上线编织的方法。想尝试用带钩子的针编织的朋友，可以在针绳的两端分别装上拆卸式阿富汗针和棒针（当作单头阿富汗针）体验一下环形编织。大家不妨试一试。

# 条纹花样方形抱枕

这款抱枕灵活使用了环形编织的技法。
以上针为主的花样用葡萄牙式编织方法也能轻松编织。
建议使用明亮的颜色，这样下针和上针的阴影效果会更加明显。

设计／林琴美　编织方法／140页　使用线／芭贝

## 针线的拿法和编织方法

将线绕在颈部，然后握住针编织的方法
（※右手挂线的方法请参照第141页）

在左边的锁骨附近别上别针，将线挂在别针上，然后握住针编织的方法

## 上针的编织方法　※使用带钩子的针编织的方法以及起针方法请参照第141页

❶ 将编织线向前拉紧。如箭头所示插入棒针。

❷ 用左手的拇指将线从前往后挂在针上。

## 下针的编织方法

❸将线拉出，上针完成。从左棒针上取下针目。

❶因为线位于织物的前面，所以不能用平常的方法编织。将线从后往前挂在针上，以下针的入针方式插入右棒针。

❷如箭头所示转动右棒针，使右棒针位于左棒针的前面。

❸这就是编织下针时棒针的位置。

❹用左手的拇指将线挂在右棒针上，再将挂线向前拉出。

❺拉出至前面后的状态。

❻织完下针后的样子。此时，线位于织物的前面，左棒针上的针目还未取下。

❼从左棒针上取下针目，下针完成。

## 林琴美（Kotomi Hayashi）

从小喜爱编织，学生时代自学缝纫。孩子出生后开始设计童装，后来一直从事手工艺图书的编辑工作。为了学习各种手工艺技法，奔走于日本国内外，加深了与众多手工艺者的交流。著作颇丰，新书有《北欧编织之旅》（日本宝库社出版）。

2023年11月24日（周五）、25日（周六）、26日（周日）将举办清里编织日活动（Knitting Days in KIYOSATO）。

photograph Hironori Handa  styling Masayo Akutsu  hair&make-up Yuri Arai  model Jane（173cm）

*Couture Arrange*

志田瞳优美花样毛衫编织新编 ⑱

# 不规则下摆的套头衫

选自中文版《志田瞳四季花样毛衫编织2》

原作是一款端庄的半袖圆育克套头衫。

本期从日文版优美花样毛衫编织春夏系列的初刊号（中文版《志田瞳四季花样毛衫编织2》）中选择了一款半袖圆育克套头衫，保留了圆育克和花样，以"改变款式"为主尝试了改编。

首先，放大下摆线形成A形。其次，去掉了衣袖下部。下摆线的倾斜设计使身片的长度形成左右差，花样的扇形边缘形成斜向线条，增添了柔美气息。袖口处直接保留了圆育克的形状。

炎热的季节，天然素材穿起来最舒适。所以线材上选择了100%棉的带子线。颜色是偏明亮的米色系，无论什么花样都能自然融合。

主打的双叶花样从图解上看，有的可以直接编织，有的中间含有无针目部分。比较2种树叶花样，可以发现叶子的纹理有微妙的差异。直接编织的叶子外形偏直线，含有几行无针目部分的花样中，树叶的轮廓曲线感觉更加柔和。

这次的改编虽然侧重于款式，反而深刻感受到了花样的生命力。

## *detail*（细节说明）

从花样的构成上看，主要有2种花样。一种是仿佛下垂的2片对称的树叶花样；另一种是由蕾丝花样和下滑3行的泡泡针组成的扭针竖条纹花样。此外，还加入了下针和上针编织。

身片从下摆开始环形编织，全部是树叶花样横向排列，与圆育克部分的花样略有不同。同时，通过花样的逐渐缩小，形成宽摆效果。下针编织部分做加针的引返编织，形成长度上的左右差。下针编织与圆育克部分的交界处简单地编织了2行上针。

衣领和袖口的边缘只是纵向重复了扭针的蕾丝花样部分，分别编织不同行数后做扭针的单罗纹针收针。下摆编织起伏针，为了呈现出漂亮的扇形边缘，松松地做上针的伏针收针。

选自中文版《志田瞳四季花样毛衫编织2》
制作/Keiko Makino
编织方法/142页
使用线/钻石线

# 冈本启子的 Knit+1

第36回

本期介绍的作品使用了五彩的混色段染线，洋溢着浓浓的夏日气息。

photograph Shigeki Nakashima  styling Kuniko Okabe,Yuumi Sano
hair&make-up Daisuke Yamada   model Emma Koyama (173cm)

夏天来了！天气炎热时，总想穿一些T恤衫和针织衫等休闲舒适的衣服。但是，外出时还是觉得少了点什么。

本期为大家介绍的是两款华丽又略带复古气息的开衫和套头衫，使用了可随意清洗的100%棉线"FETTUCCINE<MULTI>"编织而成，正适合这样的炎炎夏日穿着。

FETTUCCINE<MULTI>所使用的最顶级的精梳棉线，仔细去除了短纤维，是不易起绒的柔软棉线。将这样的精梳棉线5根合股后，经过黏胶加工制作成具有弹性的带状纱线，再染成混色效果。既有按一定间隔染成6种颜色的部分，也有用间段染色技法进行随机染色的部分。这种染色技法打造出了类似扎染的效果。

使用这款FETTUCCINE<MULTI>线和棒针编织了开衫，衣长偏短。复古色调的配色条纹中加入了镂空花样。加上用刺绣线钩织的小花，增添了一抹复古又不失可爱的气息。搭配长款连衣裙穿着也一定很漂亮。

套头衫给人烟花烂漫的感觉。用黑色线搭配橘色、水蓝色和绿色的段染线FETTUCCINE<MULTI>钩织并连接花片，绚烂得仿佛夜空下绽放的一朵朵烟花。宽松的衣袖也散发着一种怀旧气息。

## 冈本启子（Keiko Okamoto）

Atelier K's K的主管。作为编织设计师及指导者，活跃于日本各地。在阪急梅田总店的10楼开设了店铺K's K。担任公益财团法人日本手艺普及协会理事。著作《冈本启子钩针编织作品集》《冈本启子棒针编织作品集》（日本宝库社出版，中文简体版均由河南科学技术出版社引进出版）正在热销中，深受读者好评。

线名 /FETTUCCINE<MULTI>、FETTUCCINE、CANOLAA、CAPPELLINI

## 条纹花样复古开衫

第62页作品 / 鲜艳的蓝色将炫彩的混色条纹融为一体。无论裤子还是裙子都很适合,是一款非常实用的开衫。小花片可以按个人喜好取舍。

设计、制作 / 坂口佐智子

编织方法 /146页

使用线 /K's K、DMC

## 黑底彩花的宽袖套头衫

本页作品 / 黑色为底的花片中搭配混色段染线,看上去宛如烟花一般。简单的花片编织出了惊艳的效果,令人印象深刻。

设计、制作 /Amu Hearts 工作室 森 静代

编织方法 /148页

使用线 /K's K

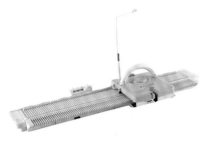

面向初学者的

可以快速编织，
乐趣十足

# 新编织机讲座❻

本期的主题是"镂空编织"。
掌握这个技法后，就可以编织最适合夏天的蕾丝花样了！

photograph Hironori Handa　styling Masayo Akutsu　hair&make-up Yuri Arai　model Jane（173cm）

## 蕾丝花样短袖衫

左右对称的花样是立针编织的"斜纹蕾丝"。
一边编织一边使蕾丝小孔斜向排列。这款花样
看似很难，其实编织起来出奇地简单。请务必
掌握这个编织技巧。

设计/奥村利惠子（银笛编织研究会）
编织方法/151页
使用线/Rich More

## 扇形花边套头衫

下摆编织斜纹蕾丝花样，形成扇形边缘的效果。身片是简单的镂空花样，整件套头衫给人柔和的印象。用移圈针移动针目，操作十分简单，蕾丝花样编织起来也可以很轻松。

设计/奥村利惠子（银笛编织研究会）
编织方法/152页
使用线/钻石线

# 新编织机讲座

下面为大家介绍的是充满夏日风情的镂空花样的编织方法。
机器编织的镂空花样是看着织物的反面移动针目来制作的。
与手编不同，做下针编织至符号所在行后再做镂空花样的操作。

摄影/森谷则秋

---

### ▣⟋ 的编织方法
1　2

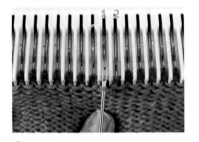

**1**
用移圈针取下镂空位置的针目1。

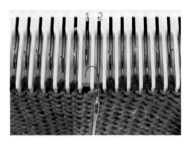

**2**
将该针目重叠在机针2上。

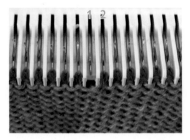

**3**
将空出的机针1推出至B位置，编织2行。

**4**
花样完成。

---

### ⟍▣ 的编织方法
1　2

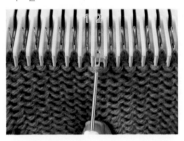

**1**
用移圈针取下镂空位置的针目2。

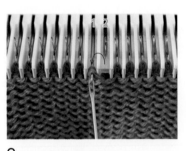

**2**
将该针目重叠在机针1上。

**3**
将空出的机针2推出至B位置，编织2行。

**4**
花样完成。

---

### ▣⟰▣ 的编织方法
1　2　3

**1**
用移圈针取下镂空位置的针目1，将其重叠在机针2上。

**2**
将针目3也重叠在机针2上。针目1和3重叠的先后顺序没有关系。

**3**
将空出的机针1和3推出至B位置，编织2行。

**4**
花样完成。

○ / / / / / / ↑ ＼ ＼ ＼ ＼ ○ 的编织方法
1 2 3 4 5 6 7 8 9 10 11 12 13

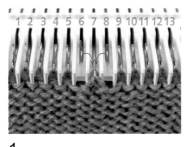

**1**
将针目6和8重叠在机针7上，将3针并作1针。

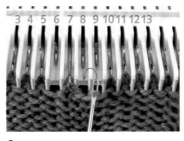

**2**
将针目9移至左边的空针上。像这样移动后的针目叫作"斜针"。

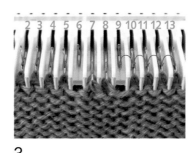

**3**
接着依次将针目10~13向左移动1针。

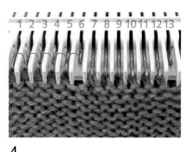

**4**
针目1~5也依次向右移动1针。

**5**
将空出的机针1和13推出至B位置，编织2行。

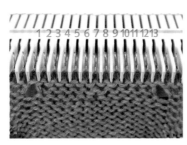

**6**
花样完成。

○ / ＼ 的编织方法
1 2 3

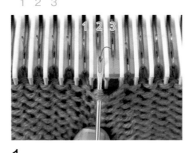

**1**
用移圈针取下针目3，将其重叠在针目2上。再用移圈针直接取下重叠的2针。

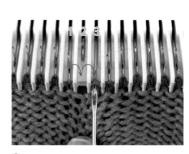

**2**
移回机针3上。然后将针目1移至机针2上。

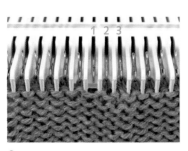

**3**
将空出的机针1推出至B位置，编织2行。

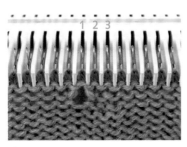

**4**
花样完成。

人 ＼ ○ 的编织方法
1 2 3

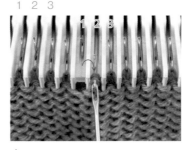

**1**
用移圈针取下针目1，将其重叠在针目2上。再用移圈针直接取下重叠的2针。

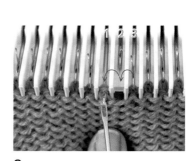

**2**
移回机针1上。然后将针目3移至机针2上。

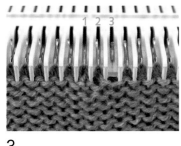

**3**
将空出的机针3推出至B位置，编织2行。

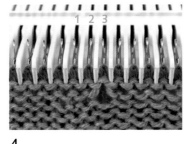

**4**
花样完成。

从反面看到的状态

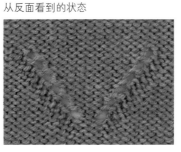

从正面看到的状态

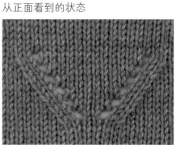

# SILVER REED

## 银笛SK280 梦想编织机
# 专业设计师之选

全程视频教学，一对一老师网络答疑

购买请访问编织人生品牌毛线店：http://51maoxian.taobao.com

东华大学、FIT纽约时装技术学院、伦敦中央圣马丁艺术与设计学院等国内外著名高校针织设计专业选用

**70年的专注** 1952年，第一台银笛编织机诞生；1977年，银笛发明的世界第一台

电子编织机被大英博物馆永久收藏……银笛专注编织机的研发生产已经走过70个年头。如今，

银笛编织机已经成为美国、英国、法国、日本、俄罗斯、加拿大、泰国等国家编织设计师的首选。

天猫：编织人生旗舰店  微信公众号：编织人生
淘宝：编织人生品牌毛线店  小红书：编织人生

联系电话：0512 - 58978781

手机淘宝扫二维码
关注编织人生品牌毛线店
编织机及编织线材直播分享

# 编织师的极致编织

【第46回】无论个人还是集体，无论居家还是野炊，"编织饭盒"都是一道亮丽的风景

阳光灿烂，绿意盎然，来一场森林浴
从家务和职场的封闭环境中解放出来
融入大自然的怀抱吧

编织时，等待开水沸腾

编织时，听听小鸟的叫声

编织时，看看小河的细流

编织时，看看叶隙间洒落的阳光

编织时，感受树木之间穿过的风

水开了，静享咖啡时光

中午是吃米饭呢，还是意大利面？
或煮或焖，或炒或蒸
再加一点小菜和甜点
还有野炊必不可少的饭盒

无论当天往返还是留宿
无论个人还是集体
尽情享受户外编织的乐趣吧

**编织师203gow：**
持续编织非同寻常的"奇怪的编织物"。成立让编织充满街头的游击编织集团"编织奇袭团"，还涉足百货店的橱窗、时尚杂志背景、美术馆、画廊展示等的设计以及讲习会等活动。

文、图/203gow 作品

# 零头线的活用小妙招 <钩针编织篇>

《毛线球42》上的"零头线的活用小妙招"受到了读者的好评。这次介绍的是钩针编织中可以灵活使用的小妙招。
太喜欢这款线了,线头也舍不得扔!你是不是也这样?不要看着发呆,想想怎么利用起来吧。

摄影/森谷则秋

 **连接花片**

连接花片是最适合零头线活用的技法。
单独1片也能成为漂亮的配饰,无论什么花片都可以钩织。

1

这里有一些相同种类的粗毛线。都是
用过一部分剩下的,差不多可以编织1
条围巾的量。就用这些毛线编织一款
配色花片作品吧。

2

首先,确定花片,试编样片。

## 零头线比较多的情况

自己先确定1个基础花片,
每次有线剩下来就可以钩织花片积累着。
但是如果想统一颜色组合成作品,
就要预测一下1片花片需要多少线,
有计划地尽可能将零头线用完。

3

将刚才编织的花片全部拆开。

4

测量每行使用的线长。

第1行: 150cm
第2行: 235cm
第3行: 355cm
第4行: 470cm
第5行: 310cm

5

确认所用毛线的1团的重量和长度,计
算出1cm的重量。

这里用的是40g/120m的毛线,
40÷12000=0.003333…(g),
由此可知,这款毛线1cm的重量约
0.00333g。
在此基础上计算出每行所需毛线的重量。

第1行: 150×0.00333≈0.5(g)
第2行: 235×0.00333≈0.8(g)
第3行: 355×0.00333≈1.2(g)
第4行: 470×0.00333≈1.6(g)
第5行: 310×0.00333≈1(g)

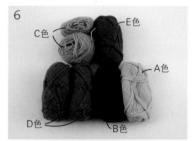

6

称一下手头各种颜色毛线的重量。

7

确定配色,测算出哪种颜色用在哪一
行,可以钩织几片。这次,我们简单地
按剩余线量决定配色。

第1行: A色 15÷0.5=30(片)
第2行: B色 21÷0.8≈26(片)
第3行: C色 28÷1.2≈23(片)
第4行: D色 57÷1.6≈35(片)
第5行: E色 22÷1=22(片)

因为片数最少的是第5行的22片,所以用
这些毛线最多可以钩织22片花片。

钩织22片花片制成了这款围巾。最后一行
的线几乎刚好够用,所以在最后一行将花
片连接在一起。如果有多余的线量,也可
以用同色线做卷针接合,连接方法请根据
具体的作品进行调整。
编织方法见第154页。

这次用多出的毛线制作了边缘和流苏。多
出的毛线如何利用,思考的过程也非常有
意思。
根据可钩织花片的数量去考虑作品,可以
最大限度地利用零头线。

## 有很多短线的情况

如果有很多不足以钩织大花片的短线，不妨用在花片的第1行。
虽说都是零头线，但是有各种长度。
参考花样集等资料，找一下哪种花片能更好地用完这些线，这个过程也十分有趣！

**1**

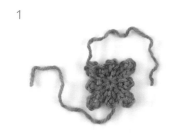

这里以中细毛线为例进行说明。一边翻阅花样集等资料，一边试编样片，确认1行大概需要多少线。

**2**

拆开线，测量长度。这个花片的第1行所需线长是120cm。

**3**

从零头线堆里找出120cm以上的中细毛线。

**4**

尽量选择搭配起来比较和谐的颜色。感觉不合适的线就不要勉强放进来，编织成作品就不会有明显的拼凑感。

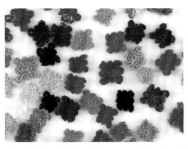

钩织第1行后就会发现，不同粗细的毛线钩出的尺寸多少存在差异。钩织2行以上做连接时，注意将不同尺寸的花片错开排列，使作品更加协调统一。

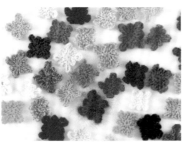

即使不是120cm长的线，也可以用剩下的线能钩织多少就钩织多少，先将花片积累起来。这里剩下了好几种白色系的夏季线，就用这些线试着钩一些第1行的花片。

不同材质的同色系毛线也可以组合在一起编织出精美的作品。这里钩织的花片与步骤5不同。

因为钩织了很多白色系的花片，所以组合成了一款大大的盖膝毯。根据完成花片的片数，想一想要制作什么样的作品。
编织方法见第154页

用蓝色和粉色系等的线钩织50片花片，制作成了5行10列的围脖。两端加上边缘进行了调整。
编织方法见第155页

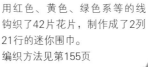

用红色、黄色、绿色系等的线钩织了42片花片，制作成了2列21行的迷你围巾。
编织方法见第155页

短线也可以编织些什么！如果有很多1m以下的短线，那么短针是最友好的。
首先，为了更好地利用短线，这里也要测试一下多长的线可以钩织几针！

1

以粗到中粗的毛线为例进行说明。首先，用1m长的毛线钩织短针。

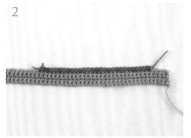

2

留出2~3cm长的线头暂时不用处理。1m长的线钩了28针。

3

然后用50cm、30cm、20cm、10cm的线测试一下分别可以钩织几针。

4

结果表明，50cm的线是12针，30cm的线是7针，20cm的线是4针，10cm的线勉强可以钩1针。接下来，让我们利用这些信息编织作品吧。

## 用50cm以上的线纵向渡线编织配色花样

我们已经知道50cm以上的线可以钩织12针以上，那就试试随机配色，纵向渡线编织配色花样吧！
通过包住底色线钩织的方法，可以在自己喜欢的任何地方加入零头线，这样就可以编织出自由度很高的作品。
纵向渡线的配色花样一般是往返编织，其实片织或圈织都可以，请根据作品的具体需要选择喜欢的方法编织。

1

留出2cm左右的线头，在换色前一针做最后的引拔操作时，换成配色线。

2

从底色线和配色线的线头下方出针，将它们包在针目里钩织短针。

3

用配色线钩织若干针，以该针数可以钩织几行为前提。

4

换回底色线时，将前一针短针的编织线从前往后挂在针上，用底色线引拔。

5

看着反面编织的行在换线时，将刚才的编织线从后往前挂在针上再引拔。按步骤2~4的要领继续编织。

6

配色线快用完时，换成底色线或者下一段配色线，将线头直接包在针目里钩织。

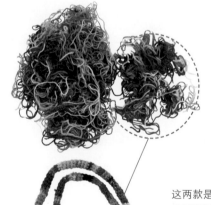

这两款是实际编织完成的作品，都采用了环形的往返编织。在底色线的中途不断用不同颜色的配色线随机加入花样，或者固定在某个位置连续用配色线钩织，花样的布局可以自由变换。

提手部分钩7~8针锁针起针后连接成环形，然后呈螺旋状一圈一圈地钩织短针。将剩下的配色线打结连接在一起，线头藏在内侧一气呵成地编织完成。这样的绳子用作项链和手链也一定很可爱吧！

**反面**

全部用短线钩织的小挎包。将针目的反面用作正面，整体呈现簇绒的效果。

交替用底色线和72页短的配色线钩织的小挎包。将底色线包在针目里连续钩织。

**正面**

## 20~30cm 长的线也可以直接保留线头

只能钩几针的20~30cm长的线可以不做线头处理，试试将它们灵活利用起来编织作品吧。保留的线头反而打造出别具一格的流苏效果！

**1**

因为想将线头一直留在后面，所以务必朝同一个方向做环形编织。如果剩下的线头不足以钩织下一针，就换一根线钩织。线头放置一边不用处理。

**2**

留出差不多长度的线头将线拉出，钩织短针。

**3**

换线的时机既可以在短针完成之后，也可以在未完成的状态下，所以要尽可能地钩织。

**4**

下一行编织完成后，拉紧前一行的线头，这样线就不容易滑脱了。特别是用夏季线等顺滑的线编织时，要用力拉紧。

### ③ 更短线头的活用小妙招

### 10cm 以下的线怎么办？

10cm以下，已经是很难编织的长度了。即使这样也舍不得扔掉的线头，何不用作玩偶和针插的内芯？特别是羊毛线多少含有一点油脂，用作针插的内芯还可以起到防止生锈的效果。用到这个程度，不上不下的零头线也算是物尽其用了吧。大家一定要试一试啊！

### 10cm 长的线可以用作流苏

10cm长的线虽然可以钩1针短针，还是感觉不太方便。那么收集起来用作流苏怎么样？粗细不一又不太好分类的毛线，只要颜色搭配得当，也可以修剪一下制作成流苏！

这样一来，你也舍不得扔掉零头线了吧！

手提包的包口、围巾和围脖的饰边都加上了流苏。因为使用了五颜六色的零头线，所以主体的设计最好简单一点。

### 时尚达人的手艺时光之旅：
# 手工艺店的兴起

刊登在女性杂志上的人造花材料店广告

刊登在编物研究会发行的《编物讲习录》上的毛线店广告

仓持总店的销售
商品目录

丸武总店的《手艺商报》，图文并茂地介绍了手工艺材料包和使用工具等

**彩色蕾丝资料室 北川景**
日本近代西洋技艺史研究专家。为日本近代手工艺人的技术和热情所吸引，积极进行着相关研究。拥有公益财团法人日本手艺普及协会的蕾丝师范资格，是一般社团法人彩色蕾丝资料室的负责人。担任汤泽屋艺术学院蒲田校区、浦和校区的蕾丝编织讲师。还在神奈川县汤河原经营着一家彩色蕾丝资料室。

长达数年的新冠疫情下，日本国内的生活发生了很大变化。在非必要不外出的防控措施下，不外出就可以购物的网络销售变得不可或缺。手工艺品的网上销售也是其中之一。光是看着屏幕上排列的商品也是开心的。其实，每次地震等灾害发生时，手工艺店都会受到很大的影响。

明治十九年（1886年），编织人造花和编织衣物开始流行，毛线批发商增加了棉线（用来练习的棉质毛线）和日本重新染色的毛线等新商品，当时的报纸上还报道了这一盛况。

日俄战争后，有的手工艺店趁势销售用于装饰回国队伍的人造花熬过了艰难时期。女子高中毕业的妇女们借助报纸等媒介大力宣传人造花专卖店，可以说为人造花的流行立下了首功。

在第一次世界大战后的编织黄金期，人们普遍开始编织外国设计的时尚毛衣，经营国内外毛线的店铺也越来越多。

人造花、日本刺绣、编织、细工花等手工艺在大正十二年（1923年）的关东大地震后逐渐失去热度，随着日本国内外手工艺产业的普及，法式刺绣、缎带绣、染色、梭编等新型手工艺的需求急剧增加。就像各地小学附近都有文具店一样，女子学校的附近必定有美工材料店。关于店铺成功经营的秘诀，大正十四年（1925年）的《主妇之友》杂志中列举出了以下9条：①开店时间以新学年的3、4月为宜；②店铺的位置最好在女校和小学附近；③店铺的面积尽量小一点，商品看上去多一点比较好；④采购商品时，最好给学校的美工课老师看一下目录和样品，商量一下所需数量，并要备齐当地流行的手工艺材料；⑤广告宣传可以每年开展3次，比如开售时、热销时、处理尾货时，每周2次的讲习会也是一种非常好的宣传途径；⑥举办讲习会，给学生一些商品折扣等优惠；⑦上门推销，把做副业的家庭发展成客户；⑧商品的管理要注意避免日晒和虫蛀问题；⑨店员最好是亲切的、了解手工艺的女性。满足以上条件的代表性店铺有京桥、越前屋（现在仍在经营！）、日本桥、伊藤纽扣店、本乡、仓持总店、神田、野村商店。无论现在还是过去，除了商品本身之外，与精通手工艺的店员的沟通也至关重要。

# 毛线世界

## 编织符号真厉害

**第24回　上针的2针并1针问题【棒针编织】**

---

**了不起的符号**  **①　下针的情况很容易理解，按符号编织即可**

 右上2针并1针

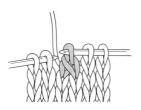

1　将第1针移至右棒针上，第2针编织下针，再将移过来的针目覆盖在已织针目上。

2　右上2针并1针完成。

 左上2针并1针

1　如箭头所示，从2针的左侧一起插入棒针（编织下针）。

2　左上2针并1针完成。

---

**了不起的符号**  **②　上针的情况需要注意，特别是右上的并针**

 上针的右上2针并1针

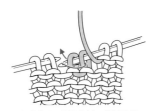

1　如箭头所示插入右棒针移过针目。

2　如箭头所示插入棒针，将针目移回左棒针上。针目交换了位置。

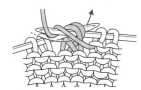

原来要交换位置啊……

3　在2针里一起编织上针。

4　上针的右上2针并1针完成。从正面看也是右上2针并1针。

 上针的左上2针并1针

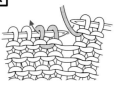
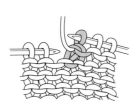

1　如箭头所示从2针的右侧插入右棒针，编织上针。

2　上针的左上2针并1针完成。从正面看也是左上2针并1针。

---

你是否正在编织？我是对编织符号非常着迷的小编。转眼又到了夏季刊。气温逐渐升高，我猜应该有不少朋友慢慢失去了编织的心情。想要留住这些朋友，就靠正在阅读本期连载的大家了。请对他们说一句极具吸引力的话："夏天开始编织，不是正好可以赶上合适的季节穿吗？！"

本期的主题是棒针编织的"2针并1针"。与纺织品截然不同，在所谓的成形编织（即一边编织一边塑形的技法）中必不可少的就是这个减针。大家习以为常的减针，在裁剪布料被视为理所当然的世界看来却是非常了不起的。

下针的2针并1针的符号就像"右上""左上"的针法名称所示，与针目的形状是相对应的，所以比较容易理解。但是上针……很多编织图显示的是正面的符号，上针时总是会忘记编织方法。

上针的左上2针并1针只需要在2针里一起编织上针，问题是"右上"2针并1针。如左图所示，竟然要交换针目的位置。而且一定要这样，必须如此。只有这样操作，才可以使针目从正、反面看都是右上2针并1针。

"下针"的右上2针并1针是"将不编织直接移至右棒针上的针目覆盖在已织的相邻针目上"，如果同样的方法用在上针……结果却会变成"左上"2针并1针！！发现这个问题后，我愣了好一阵。难怪要交换针目位置。不知道你们理解了没有？我能说的只有一点，那就是"小心上针的右上并针"。

这个问题在基础编织书中写得很清楚，用到时确认一下就可以了。当然，因为是频繁使用的技法，还是记住的比较好。关于2针并1针的问题我们就讲到这里，其实还有更为麻烦的问题——那就是上针的3针并1针。今后，希望可以在详细验证的基础上介绍给大家。应该没问题吧……

**小编的碎碎念**

上针的情况很容易混淆吧……为了保证正确性，一边写文章一边确认了很多遍。"交换针目位置"看似不起眼，影响却很大。编织果然是很深的学问，也充满了乐趣。

爱刺绣 STITCH iDÉES
日本畅销刺绣杂志原版引进
11
春意醉人的刺绣图样

GINGHAM STITCH
方格绣
在方格布上演绎奢华美刺绣图案

河南科学技术出版社
精品图书推荐

大塚绚子的
24 种经典刺绣技法物语

植物刺绣图鉴
Botanical Embroidery Designs

中里华奈
雅致的
蕾丝花饰钩编

志田瞳
四季花样毛衫编织
2

志田瞳
四季花样毛衫编织
3

志田瞳
四季花样毛衫编织
4

美丽的秋冬手编 6
30 款
个性毛衫钩织

唯美 13
手编
点亮秋冬的
毛衫编织

欧洲 编织 20
温暖舒适的
编织

# 编织方法图的看法

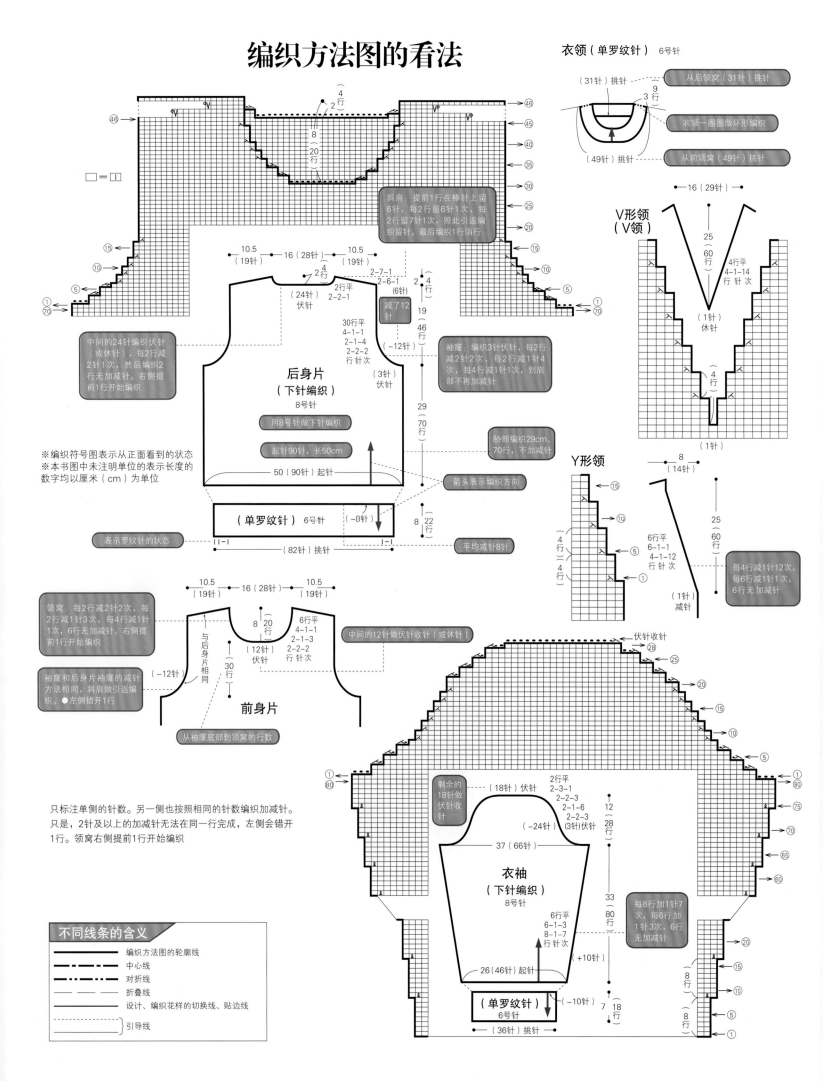

衣领（单罗纹针）  6号针

从后领窝（31针）挑针
衣领一圈圈做环形编织
从前领窝（49针）挑针

（31针）挑针
（49针）挑针

斜肩：提前1行在棒针上留6针，每2行留6针1次，每2行留7针1次，照此引返编织留针，最后编织1行消行

□＝|

※编织符号图表示从正面看到的状态
※本书图中未注明单位的表示长度的数字均以厘米（cm）为单位

中间的24针编织伏针（或休针），每2行减2针1次，然后编织2行无加减针。右侧提前1行开始编织

10.5（19针）　16（28针）　10.5（19针）

（24针）伏针

2-7-1
2-6-1
2行平
2-2-1

（6针）

减了12针

2 ● 4 行

30行平
4-1-1
2-1-4
2-2-2 行针次

19

46
（-12针）

29

70

袖隆：编织3针伏针，每2行减2针2次，每2行减1针4次，每4行减1针1次，到肩部不再加减针

后身片
（下针编织）
8号针

用8号针做下针编织

起针90针，长50cm

（3针）伏针

胁部编织29cm、70行，不加减针

50（90针）起针

箭头表示编织方向

表示罗纹针的状态

（单罗纹针）  6号针

|−|　　（82针）挑针　　|−|

平均减针8针

8 22 行

（-8针）

V形领（V领）

16（29针）

25（60针）

4行平
4-1-14
行针次

（1针）休针

（4行）

（1针）

Y形领

8（14针）

15

10

4 行

4 行

6行平
6-1-1
4-1-12
行针次

5

1

（1针）减针

25（60针）

每4行减1针12次，每6行减1针1次，6行无加减针

领窝：每2行减2针2次，每2行减1针3次，每4行减1针1次，6行无加减针。右侧提前1行开始编织

袖隆和后身片袖隆的减针方法相同，斜肩做引返编织。●左侧错开1行

10.5（19针）　16（28针）　10.5（19针）

与后身片相同

8 20 行

（12针）伏针

6行平
4-1-1
2-1-3
2-2-2 行针次

中间的12针做伏针收针（或休针）

（-12针）

前身片

从袖隆底部到领窝的行数

只标注单侧的针数。另一侧也按照相同的针数编织加减针。只是，2针及以上的加减针无法在同一行完成，左侧会错开1行。领窝右侧提前1行开始编织

剩余的18针做伏针收针

（18针）伏针

伏针收针

2行平
2-3-1
2-1-6
2-2-3
（3针）伏针

（-24针）

37（66针）

12 28 行

衣袖
（下针编织）
8号针

6行平
6-1-3
8-1-7 行针次

每8行加1针7次，每6行加1针3次，6行无加减针

26（46针）起针

（+10针）

33 80 行

（单罗纹针）  6号针

（-10针）

7 18 行

（36针）挑针

8 行

## 不同线条的含义

| | |
|---|---|
| —— | 编织方法图的轮廓线 |
| —·—·— | 中心线 |
| —··—··— | 对折线 |
| —···—···— | 折叠线 |
| —— | 设计、编织花样的切换线、贴边线 |
| ····· | }引导线 |

# 作品的编织方法

**材料**

芭贝 Sympa Douce 水蓝色(506) 180g/5团

**工具**

棒针7号、6号

**成品尺寸**

胸围95cm, 衣长50.5cm, 连肩袖长34cm

**编织密度**

10cm×10cm面积内: 编织花样和下针编织均为18针, 29行

**编织要点**

●育克、身片…育克另线锁针起针, 环形做编织花样。参照图示分散加针。后身片往返做8行下针编织作为前后差。腋下卷针起针, 从育克挑取指定数量的针目, 环形做下针编织。注意胁部1针编织上针。下摆编织扭针的单罗纹针。编织终点做扭针织扭针、上针织上针的伏针收针。

●组合…袖口从育克的休针和腋下、前后差挑针, 环形编织扭针的单罗纹针。编织终点和下摆一样收针。衣领解开锁针起针挑针, 编织扭针的单罗纹针。编织终点和下摆一样收针。

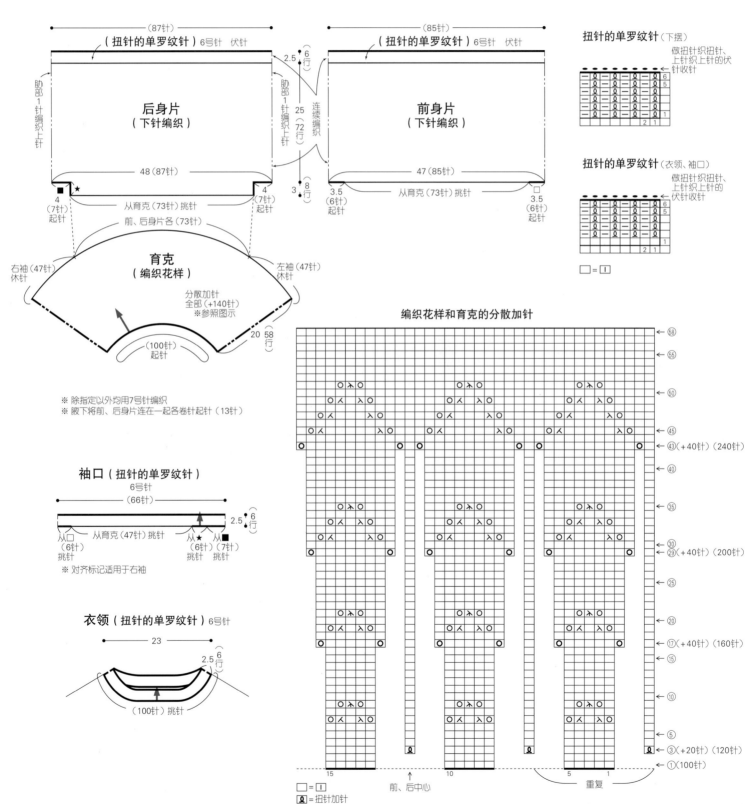

扭针的单罗纹针(下摆)
做扭针织扭针、上针织上针的伏针收针

扭针的单罗纹针(衣领、袖口)
做扭针织扭针、上针织上针的伏针收针

□ = ☐

（87针）
（扭针的单罗纹针）6号针 伏针

2.5 6行

后身片（下针编织）

胁部1针编织上针

连续编织 25 72行

48（87针）

4 （7针）起针

■ ★

从育克（73针）挑针

前、后身片各（73针）

右袖（47针）休针

育克（编织花样）

左袖（47针）休针

分散加针 全部（+140针）※参照图示

（100针）起针

20 58行

（85针）
（扭针的单罗纹针）6号针 伏针

前身片（下针编织）

胁部1针编织上针

47（85针）

从育克（73针）挑针

3.5（6针）起针

□ 3.5（6针）起针

3 8行

※ 除指定以外均用7号针编织
※ 腋下将前、后身片连在一起各卷针起针（13针）

**袖口**（扭针的单罗纹针）
6号针
（66针）
2.5 6行
从□（6针）挑针
从育克（47针）挑针
从★（6针）挑针
从■（7针）挑针
※ 对齐标记适用于右袖

**衣领**（扭针的单罗纹针）6号针
23
2.5 6行
（100针）挑针

**编织花样和育克的分散加针**

58
55
50
45
43（+40针）（240针）
40
35
30
29（+40针）（200针）
25
20
17（+40针）（160针）
15
10
5
3（+20针）（120针）
1（100针）

15　　10　　5　　1
前、后中心　　　　重复

□ = ☐
☒ = 扭针加针

**材料**
芭贝 Puppy Linen 100 黑色( 910 ) 210g/6团

**工具**
棒针5号,钩针4/0号

**成品尺寸**
胸围110cm,衣长52cm,连肩袖长43.5cm

**编织密度**
10cm×10cm面积内:编织花样A 22.5针,30.5行;编织花样B 22.5针,32.5行;编织花样C 22.5针,31.5行

**编织要点**
●身片、衣袖…手指挂线起针,身片做编织花样A、B、C,衣袖做编织花样A。领窝减针时做伏针减针。肩部、衣领做边缘编织。
●组合…肩部做引拔接合,衣袖对齐针与行缝合于身片。胁部、袖下做挑针缝合。下摆、袖口环形钩织1行短针收尾。

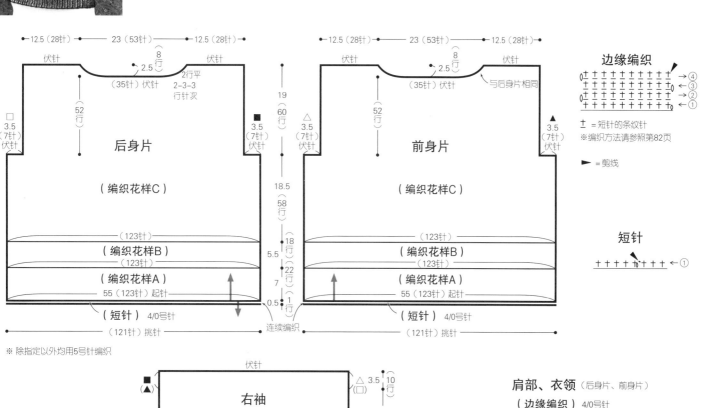

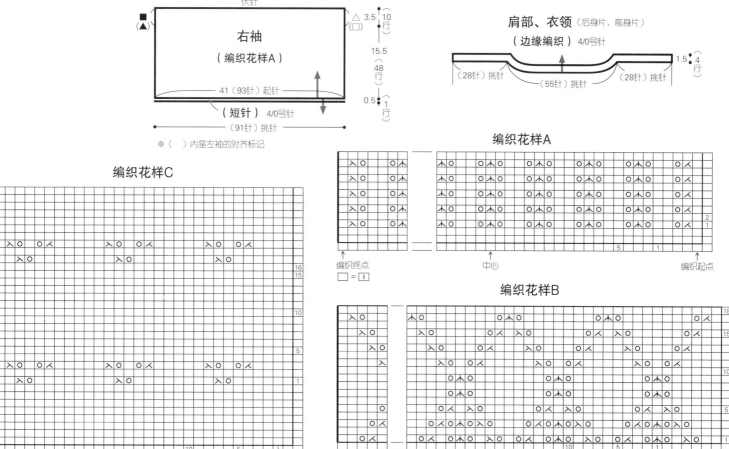

**材料**
芭贝 Leafy 浅灰色 (760) 40g/1 团，芭贝 Puppy
Linen 100 黑色 (910) 15g/1 团
**工具**
钩针 7/0 号、4/0 号
**成品尺寸**
帽围 56cm，帽深 15cm

**编织密度**
10cm×10cm 面积内：短针 16 针，19 行
**编织要点**
● 环形起针，从帽顶开始，钩织短针和边缘
编织。参照图示钩织加针。编织饰带，参照
组合方法穿入指定位置的孔中。

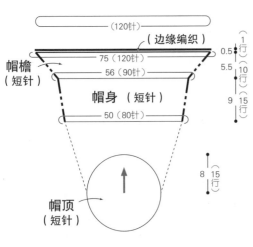

（120 针）

（边缘编织）

帽檐
（短针）

75（120 针） 0.5 1 行

56（90 针） 5.5 10 行

帽身 （短针）

50（80 针） 9 15 行

帽顶
（短针）

8 15 行

※ 除指定以外均用浅灰色线钩织
※ 除指定以外均用 7/0 号针钩织
※ 帽身第 14 行针法有变化，注意参照图示钩织

**饰带 （编织花样）**
4/0 号针　Puppy Linen 100

119.5（371 针锁针）起针 1.5 3 行

**组合方法**

将饰带穿入两侧
的孔中，
从内侧抽出

**编织花样**

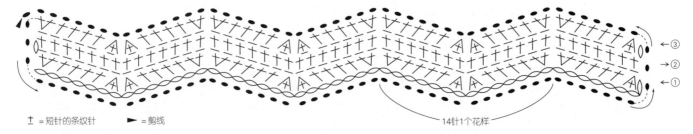

⌢±＝短针的条纹针　►＝剪线

14 针 1 个花样

**短针的条纹针**
（往返编织）

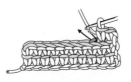

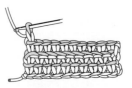

**1** 从反面钩织时，挑取前一行针目头部的前面 1 根线，钩织短针。

**2** 下一针也是挑取前面 1 根线钩织。

**3** 从正面钩织时，挑取前一行针目头部的后面 1 根线，钩织短针。

**4** 从正面看时，正面的每一行上都会出现条纹。

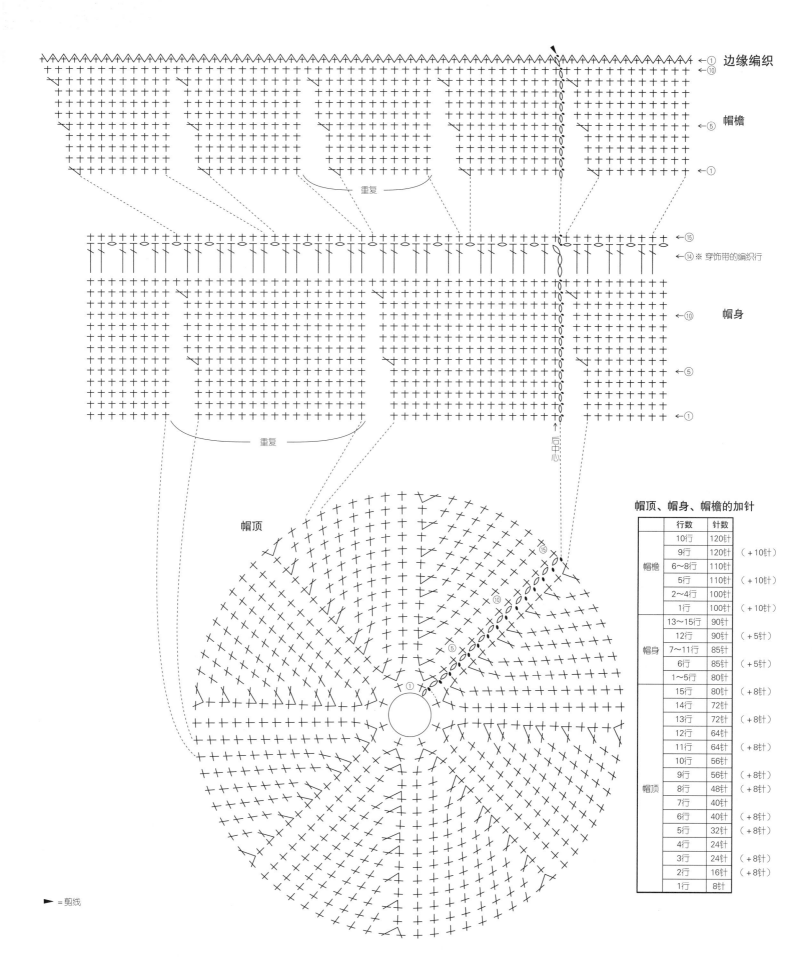

←① 边缘编织
←⑩

←⑤ 帽檐

←①

←⑮
←⑭ ※ 穿饰带的编织行

←⑩ 帽身

←⑤

←①

重复

后中心

帽顶

重复

帽顶、帽身、帽檐的加针

| | 行数 | 针数 | |
|---|---|---|---|
| 帽檐 | 10行 | 120针 | |
| | 9行 | 120针 | （+10针） |
| | 6~8行 | 110针 | |
| | 5行 | 110针 | （+10针） |
| | 2~4行 | 100针 | |
| | 1行 | 100针 | （+10针） |
| 帽身 | 13~15行 | 90针 | |
| | 12行 | 90针 | （+5针） |
| | 7~11行 | 85针 | |
| | 6行 | 85针 | （+5针） |
| | 1~5行 | 80针 | |
| 帽顶 | 15行 | 80针 | （+8针） |
| | 14行 | 72针 | |
| | 13行 | 72针 | （+8针） |
| | 12行 | 64针 | |
| | 11行 | 64针 | （+8针） |
| | 10行 | 56针 | |
| | 9行 | 56针 | （+8针） |
| | 8行 | 48针 | （+8针） |
| | 7行 | 40针 | |
| | 6行 | 40针 | （+8针） |
| | 5行 | 32针 | （+8针） |
| | 4行 | 24针 | |
| | 3行 | 24针 | （+8针） |
| | 2行 | 16针 | （+8针） |
| | 1行 | 8针 | |

► =剪线

**材料**
毛线 Pierrot 普罗旺斯系列 Pont du Gard 自然色( 10 ) 180g/5团，茶褐色( 21 ) 80g/2团
**工具**
钩针 3/0 号
**成品尺寸**
胸围112cm，衣长64.5cm，连肩袖长28.5cm

**编织密度**
花片边长8cm
**编织要点**
●用连接花片的方法钩织。从第2片花片开始，一边钩织，一边和相邻花片连接。挑取指定的针数，下摆和衣领边缘做边缘编织A，袖口做边缘编织B，注意衣领边缘有不一样的地方，参照图示钩织。

## 图1

| 8 | 9 | 10 | 11 | 12 | 13 | 14 |
|---|---|---|---|---|---|---|
| 22 | 23 | 24 | 25 | 26 | 27 | 28 |
| 36 | 37 | 38 | 39 | 40 | 41 | 42 |
| 50 | 51 | 52 | 53 | 54 | 55 | 56 |
| 64 | 65 | 66 | 67 | 68 | 69 | 70 |

后身片

| 78 | 79 | 80 | 81 | 82 | 83 | 84 |
|---|---|---|---|---|---|---|
| 92 | 93 | 94 | 95 | 96 | 97 | 98 |
| 105 | 104 | 103 | 102 | 101 | 100 | 99 |

14（1.75片） — 28（3.5片）— 图1 — 14（1.75片）

| 91 | 90 | 89 | 88 | 87 | 86 | 85 |
|---|---|---|---|---|---|---|
| 77 | 76 | 75 | 74 | 73 | 72 | 71 |

前身片
（连接花片）

| 63 | 62 | 61 | 60 | 59 | 58 | 57 |
|---|---|---|---|---|---|---|
| 49 | 48 | 47 | 46 | 45 | 44 | 43 |
| 35 | 34 | 33 | 32 | 31 | 30 | 29 |
| 21 | 20 | 19 | 18 | 17 | 16 | 15 |
| 7 | 6 | 5 | 4 | 3 | 2 | 1 |

40（5片）
24（3片）
16（2片）
40（5片）

袖开口止位

56（7片）

※ 全部使用3/0号针钩织
※ 花片内的数字表示连接顺序
※ 对齐相同标记连接

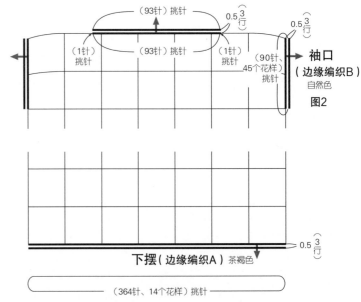

衣领边缘（边缘编织A）茶褐色
（93针）挑针
（1针）挑针 （93针）挑针 （1针）挑针
0.5（3行）
（90针、45个花样）挑针
袖口（边缘编织B）自然色
图2

下摆（边缘编织A）茶褐色
0.5（3行）
（364针、14个花样）挑针

## 花片 105片

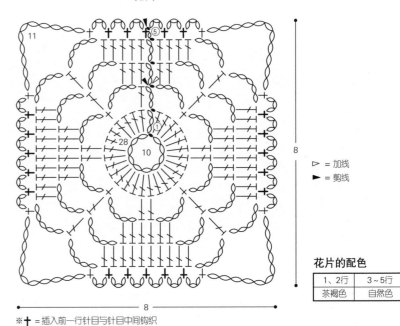

※ † = 插入前一行针目与针目中间钩织

8

▷ = 加线
► = 剪线

**花片的配色**

| | 1、2行 | 3~5行 |
|---|---|---|
| | 茶褐色 | 自然色 |

### 边缘编织B

③
②
①
2针1个花样

### 边缘编织A

③
②
①
26针1个花样

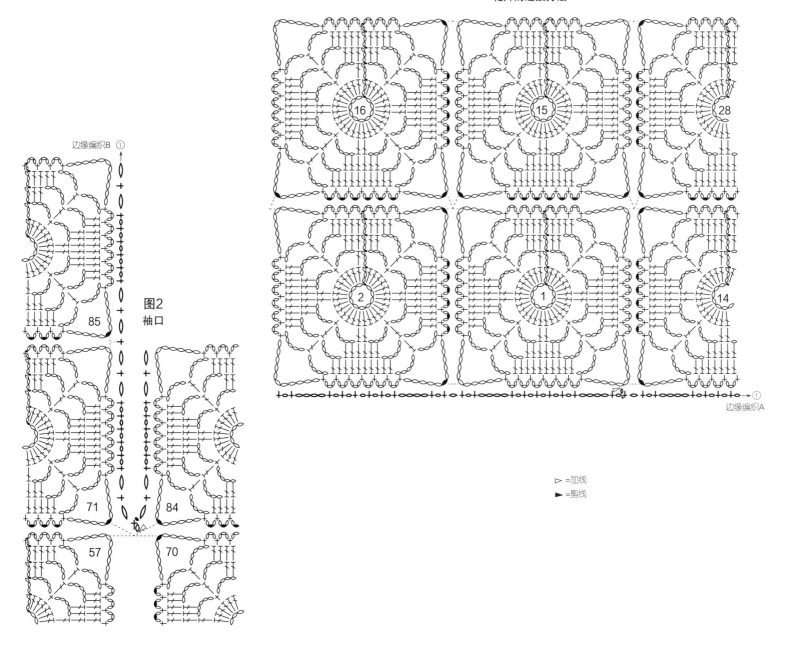

边缘编织B ①

图2
袖口

85

71

84

57

70

16

15

28

2

1

14

▷ =加线
► =剪线

① 边缘编织A

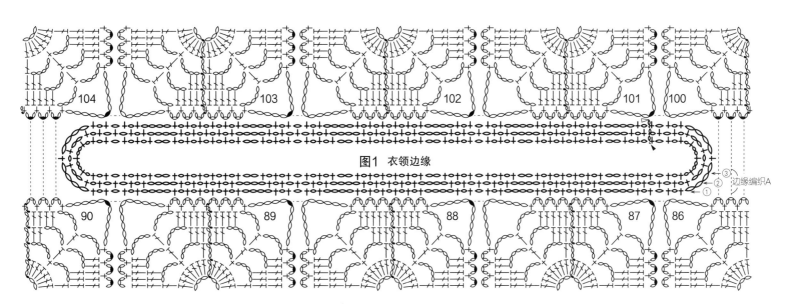

104

103

102

101

100

图1 衣领边缘

③
② 边缘编织A
①

90

89

88

87

86

**材料**
手织屋 T Silk 米色(01)195g，直径18mm的
纽扣6颗

**工具**
棒针4号

**成品尺寸**
胸围100cm，衣长51cm，连肩袖长30.5cm

**编织密度**
10cm×10cm面积内：下针编织27针,37行;
编织花样31.5针, 37行

**编织要点**
●身片…后身片手指挂线起针，编织扭针的
单罗纹针、下针编织。参照图示加针，从▲、
△处挑针做下针编织，按照图示布局起伏
针、桂花针。后领窝做伏针收针。左前、右前
身片分别挑针，编织起伏针、扭针的单罗纹
针、编织花样。右前门襟开扣眼。编织终点
一边继续做编织花样，一边做伏针收针。
●组合…袖口挑取指定数量的针目，做编织
花样。编织终点和前门襟一样收针。袖口下
做挑针缝合。缝上纽扣。

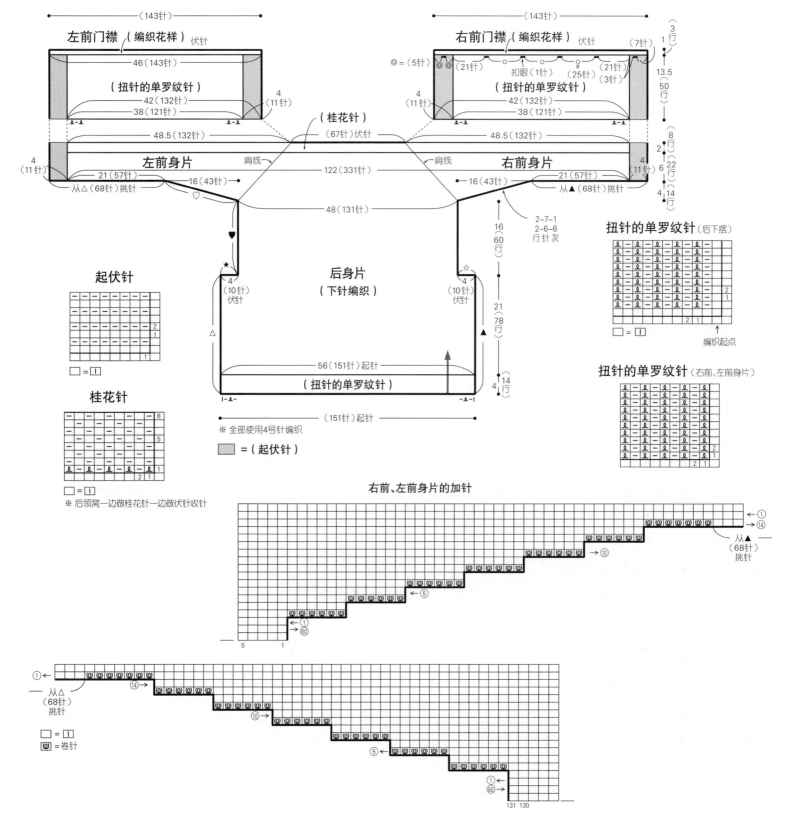

86

扣眼 （右前门襟）

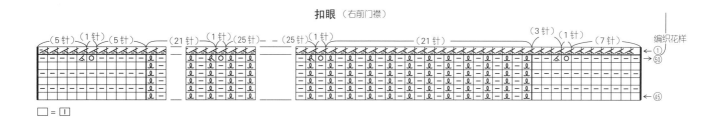

编织花样

□ = ①

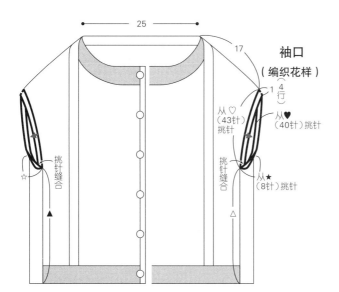

25

17

袖口
（编织花样）

1 4行

从 ♡
（43针）
挑针

从 ♥
（40针）挑针

挑针缝合

挑针缝合

从 ★
（8针）挑针

编织花样（前门襟）

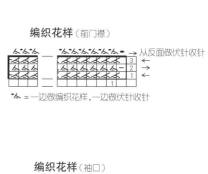

从反面做伏针收针

"⅄ = 一边做编织花样，一边做伏针收针

编织花样（袖口）

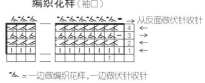

从反面做伏针收针

"⅄ = 一边做编织花样，一边做伏针收针

## 编织花样的织法

1 看着正面编织时，像编织上针的左上2
针并1针那样插入棒针，挂线并拉出。

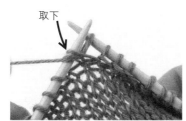

取下

2 拉出线的样子。左棒针右侧的针目从棒
针上取下。

3 取下针目时的样子。重复步骤1、2。

4 最后1针编织上针。

5 看着反面编织时，像编织左上2针并1
针那样插入棒针，挂线并拉出。

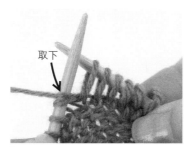

取下

6 拉出线的样子。左棒针右侧的针目从
棒针上取下。

7 取下针目时的样子。重复步骤5、6，最
后1针编织下针。

**材料**
手织屋 Hard Linen A 芥末黄色(34) 90g,
灰米色(35) 75g, 橄榄绿色(23) 60g
**工具**
棒针5号,钩针5/0号
**成品尺寸**
胸围152cm,衣长55.5cm,连肩袖长43cm
**编织密度**
10cm×10cm面积内:编织花样17针,40行

**编织要点**
●身片…全部取3根指定颜色的线编织。手指挂线起针,从胁部开始编织起伏针和编织花样。肩部的加针参照图示。编织终点松松地做伏针收针。
●组合…身片正面相对对齐,前后中心和胁部钩织引拔针和锁针接合,前后中心正面各留1条棱边将伏针收针的半针做引拔接合。下摆挑取指定数量的针目,环形做下针编织、边缘编织。

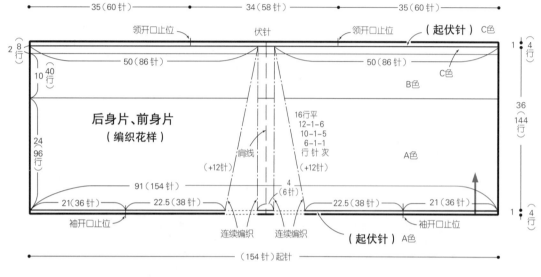

※ A色 = 芥末黄色、灰米色、橄榄绿色各1根共3根线
※ B色 = 芥末黄色2根、灰米色1根共3根线
※ C色 = 芥末黄色1根、橄榄绿色2根共3根线
※ D色 = 橄榄绿色1根、灰米色2根共3根线
※ 除指定以外均用5号针编织
※ 编织相同的2片

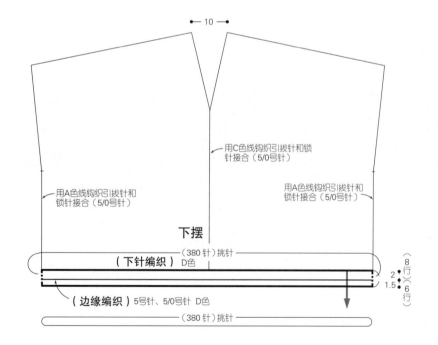

引拔针和锁针接合(前后中心)

□ = □

**编织花样**

□ = □

**边缘编织**

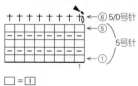

▷ = 加线
► = 剪线

□ = □

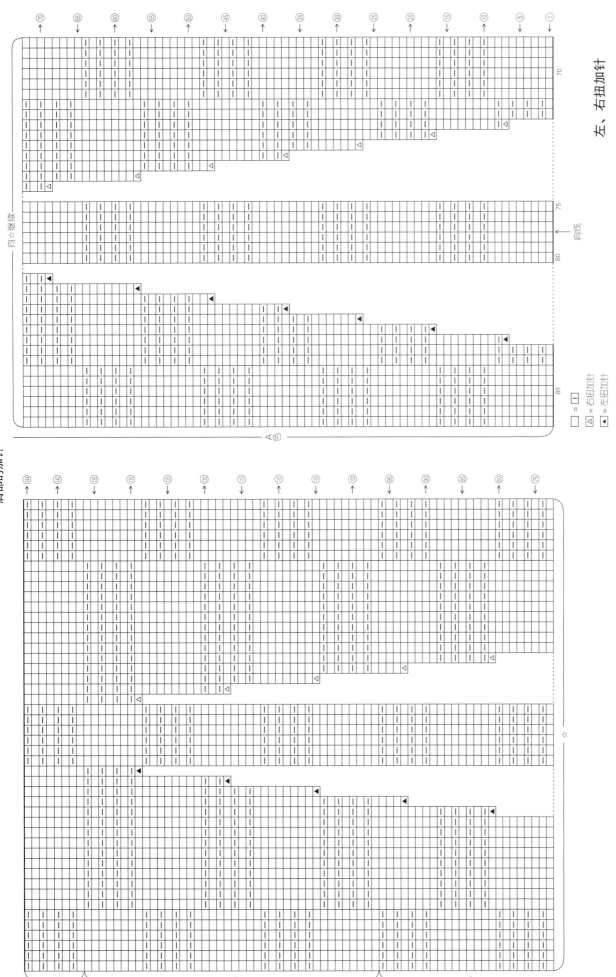

左、右扭加针

▲ 左扭加针
（向左扭转的扭针）

△ 右扭加针
（向右扭转的扭针）

□ = 口
△ = 右扭加针
▲ = 左扭加针

肩部的加针

**材料**
手织屋 Cotton Linen KS 米色、灰色和藏青色混合(07) 250g

**工具**
棒针4号、2号

**成品尺寸**
胸围96cm,衣长54.5cm,连肩袖长46cm

**编织密度**
10cm×10cm面积内:编织花样A 19.5针,29.5行

**编织要点**
●身片、衣袖…全部取2根线编织。另线锁针起针,做编织花样A。插肩线、领窝参照图示减针。袖下加针时,在1针内侧编织扭针加针。编织花样A由挂针和2针并1针、3针并1针组成。因加减针导致一侧针目不够的话,另一侧也不要编织。
●组合…插肩线、胁部、袖下做挑针缝合,腋下针目做下针无缝缝合。下摆、衣领、袖口挑取指定数量的针目,环形做编织花样B。编织终点做下针织下针、上针织上针的伏针收针。

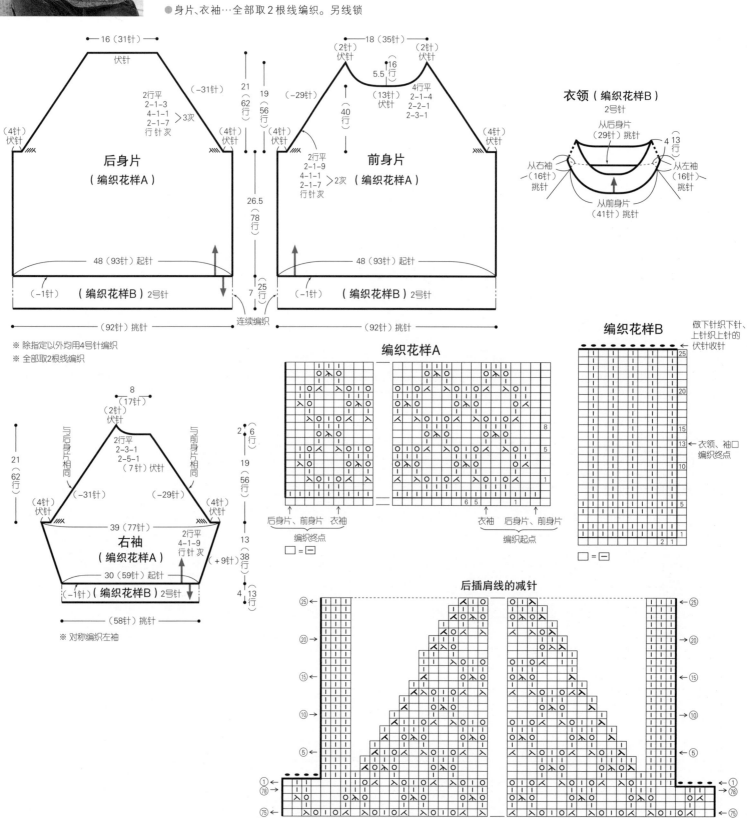

※ 除指定以外均用4号针编织
※ 全部取2根线编织

※ 对称编织左袖

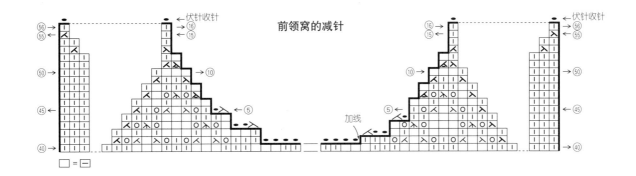

前领窝的减针

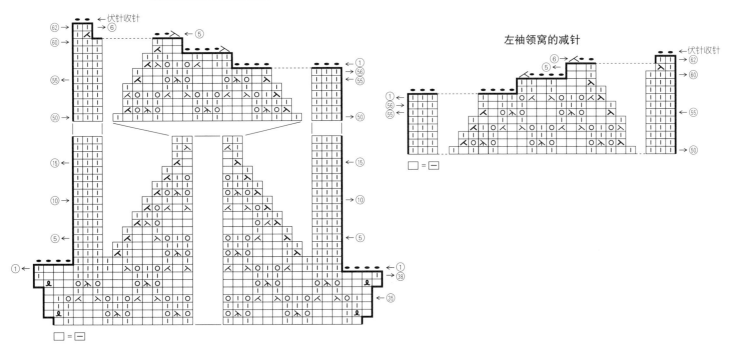

右袖插肩线和领窝的减针

左袖领窝的减针

扭针的单罗纹针收针

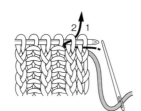

1 如箭头所示，将毛线缝针
插入针目1和针目2中，
将针目2扭一下。

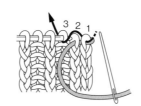

2 如箭头所示，将毛线缝针
插入针目1和针目3中。

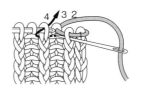

3 如箭头所示，将毛线缝针
插入针目2和针目4中，
一边扭转下针一边做单
罗纹针收针。

**材料**
毛线Pierrot Carta-书信系列 冰绿色（08）
225g/6团

**工具**
棒针4号、2号、1号

**成品尺寸**
胸围92cm，肩宽35cm，衣长53cm

**编织密度**
10cm×10cm面积内：编织花样A 30针，35行

**编织要点**
●身片…另线锁针起针，做编织花样A。减2针及以上时做伏针减针（边针仅在第1次需要编织），减1针时立起侧边1针减针（即2针并1针）。前领中心的6针休针。下摆解开锁针起针挑针，做编织花样B。编织终点做下针织下针、上针织上针的伏针收针。
●组合…肩部做盖针接合，胁部做挑针缝合。前门襟、衣领、袖隆挑取指定数量的针目，编织双罗纹针。编织终点和下摆一样收针。右前门襟的边端与身片做对齐针与行缝合。左前门襟的边端，在反面做卷针缝。

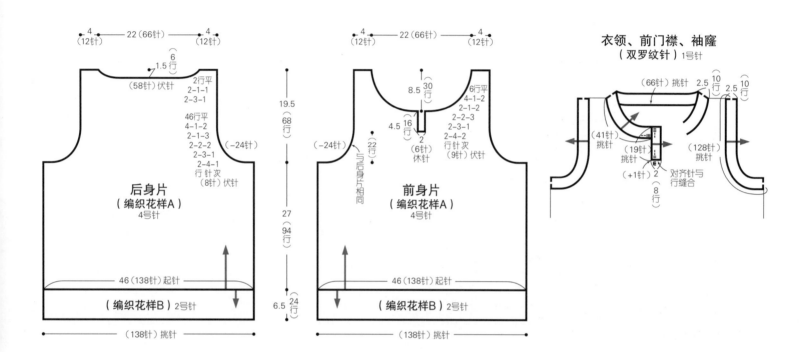

**后身片**（编织花样A）4号针
**前身片**（编织花样A）4号针
（编织花样B）2号针

衣领、前门襟、袖隆（双罗纹针）1号针

**编织花样A**

□=Ⅰ
中心

**双罗纹针**（衣领、袖隆）

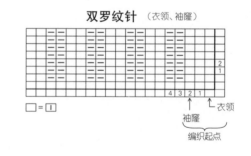

□=Ⅰ
衣领
袖隆
编织起点

**编织花样B**

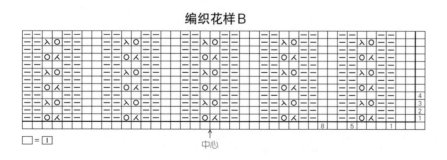

□=Ⅰ
中心

**双罗纹针**（右前门襟）

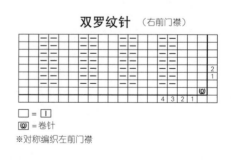

□=Ⅰ
回=卷针
※对称编织左前门襟

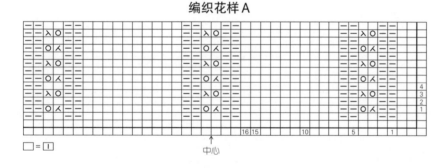

**材料**
手织屋 T Silk 浅灰色( 04 ) 220g，Hard Linen A 白色( 42 ) 70g；直径13mm的纽扣9颗

**工具**
棒针5号、4号，钩针4/0号

**成品尺寸**
胸围113cm，衣长52cm，连肩袖长37.5cm

**编织密度**
10cm×10cm面积内：编织花样A 24.5针，30行

**编织要点**
●身片、衣袖…全部使用两种线并在一起编织。手指挂线起针，做边缘编织和编织花样A、B、B'。减2针及以上时做伏针减针，减1针时立起侧边1针减针，前领窝的17针休针。
●组合…肩部做盖针接合。衣领挑取指定数量的针目，做边缘编织。编织终点从反面做伏针收针。胁部、袖下做挑针缝合。下摆、袖口在指定位置从反面做引拔针。将衣袖和身片引拔接合在一起。缝上纽扣。

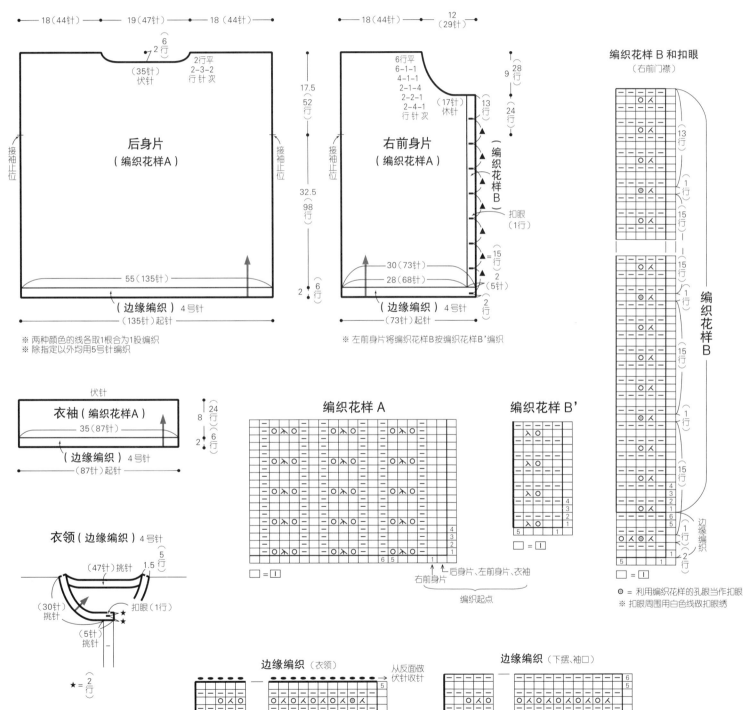

— 18（44针）— — 19（47针）— — 18（44针）—

6
（2行）

2行平
2-3-2
行针次
（35针）伏针

接袖止位

**后身片**
（编织花样A）

接袖止位

17.5
52
行

32.5
98
行

55（135针）

（边缘编织）4号针
（135针）起针

※ 两种颜色的线各取1根合为1股编织
※ 除指定以外均用5号针编织

— 18（44针）— — 12（29针）—

6行平
6-1-1
4-1-1
2-1-4
2-2-1
2-4-1
行针次

（17针）休针

9（28行）

24行

13行

编织花样B
扣眼（1行）

= 15针
2（5行）

30（73针）
28（68针）

接袖止位

**右前身片**
（编织花样A）

2
6行

（边缘编织）4号针
（73针）起针

※ 左前身片将编织花样B按编织花样B'编织

**编织花样B 和扣眼**
（右前门襟）

编织花样B

⊚ = 利用编织花样的孔眼当作扣眼
※ 扣眼周围用白色线做扣眼绣

伏针

**衣袖**（编织花样A）

24行
8

35（87针）

2
6行

（边缘编织）4号针
（87针）起针

**编织花样 A**

□ = ⊡

右前身片　后身片、左前身片、衣袖

编织起点

**编织花样 B'**

⎵ = ⊡

**衣领**（边缘编织）4号针

（47针）挑针　1.5
5行

（30针）挑针

扣眼（1行）

（5针）挑针

★ = 2行

**边缘编织**（衣领）

从反面做
伏针收针

□ = ⊡

⊚ = 利用编织花样的孔眼当作扣眼
※ 扣眼周围用白色线做扣眼绣

**边缘编织**（下摆、袖口）

□ = ⊡

※ 完成后第1行、第5行从反面逐针钩织引拔针（4/0号针）

93

**材料**
钻石线 Dia Tango 绿色、紫色系段染（3206）
270g/9团，直径15mm的纽扣5颗

**工具**
钩针4/0号

**成品尺寸**
胸围110cm，衣长56cm，连肩袖长42.5cm

**编织密度**
花片边长13.5cm

**编织要点**
●身片、衣袖…用连接花片的方法钩织。从第2片花片开始，一边在最终行和相邻花片连接，一边钩织。参照图示整理边缘。
●组合…下摆、前门襟、衣领做边缘编织。右前门襟开扣眼。袖口环形做边缘编织。缝上纽扣。

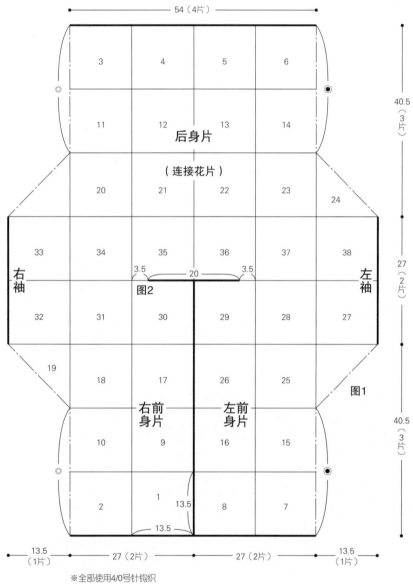

54（4片）

| 3 | 4 | 5 | 6 |
| 11 | 12 | 13 | 14 |

**后身片**

**（连接花片）**

| 20 | 21 | 22 | 23 | 24 |
| 33 | 34 | 35 | 36 | 37 | 38 |

**右袖**　　图2　3.5　20　3.5　　**左袖**

| 32 | 31 | 30 | 29 | 28 | 27 |

19　| 18 | 17 | 26 | 25 |　图1

**右前身片**　**左前身片**

| 10 | 9 | 16 | 15 |
| 2 | 1 | 8 | 7 |

13.5　13.5

40.5（3片）　27（2片）　40.5（3片）

13.5（1片）　27（2片）　27（2片）　13.5（1片）

※全部使用4/0号针钩织
※花片内的数字表示编织顺序
※对齐相同标记连接

► = 剪线

**花片** 38片

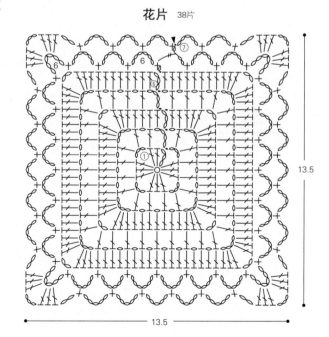

13.5　13.5

花片的连接方法

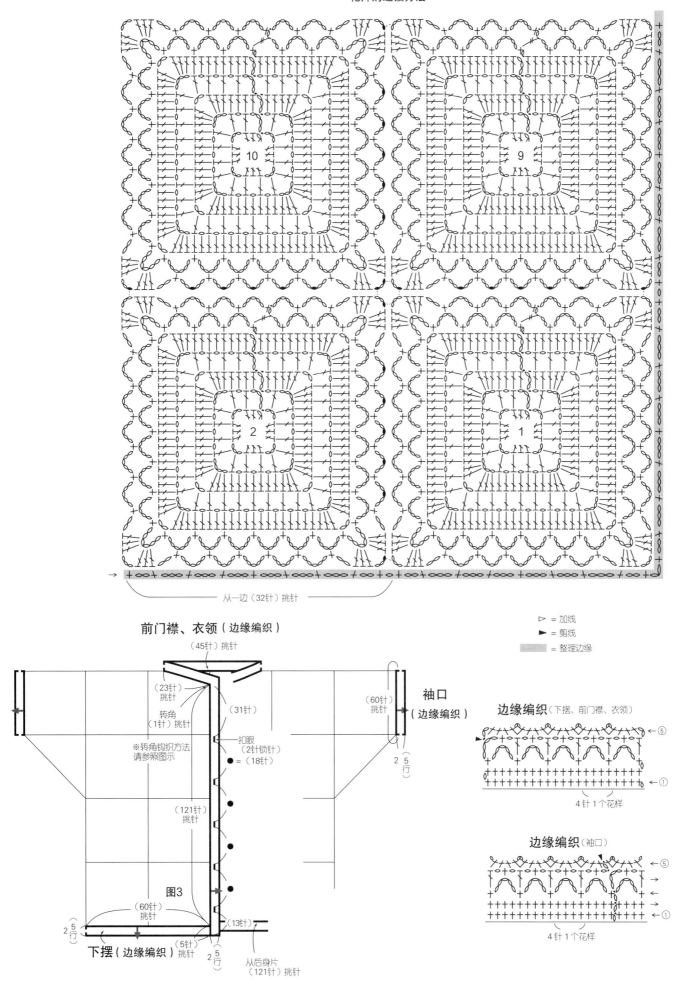

10  9

2  1

从一边（32针）挑针

▷ = 加线
► = 剪线
░░ = 整理边缘

前门襟、衣领（边缘编织）
（45针）挑针
（23针）挑针
转角（1针）挑针
（31针）
※转角钩织方法请参照图示
扣眼（2针锁针）
● = （18针）
（121针）挑针
图3
（60针）挑针
2（5行）
下摆（边缘编织）
（5针）挑针
2（5行）
从后身片（121针）挑针
（13针）

袖口（边缘编织）
（60针）挑针
2（5行）

边缘编织（下摆、前门襟、衣领）
⑤
①
4针1个花样

边缘编织（袖口）
⑤
①
4针1个花样

95

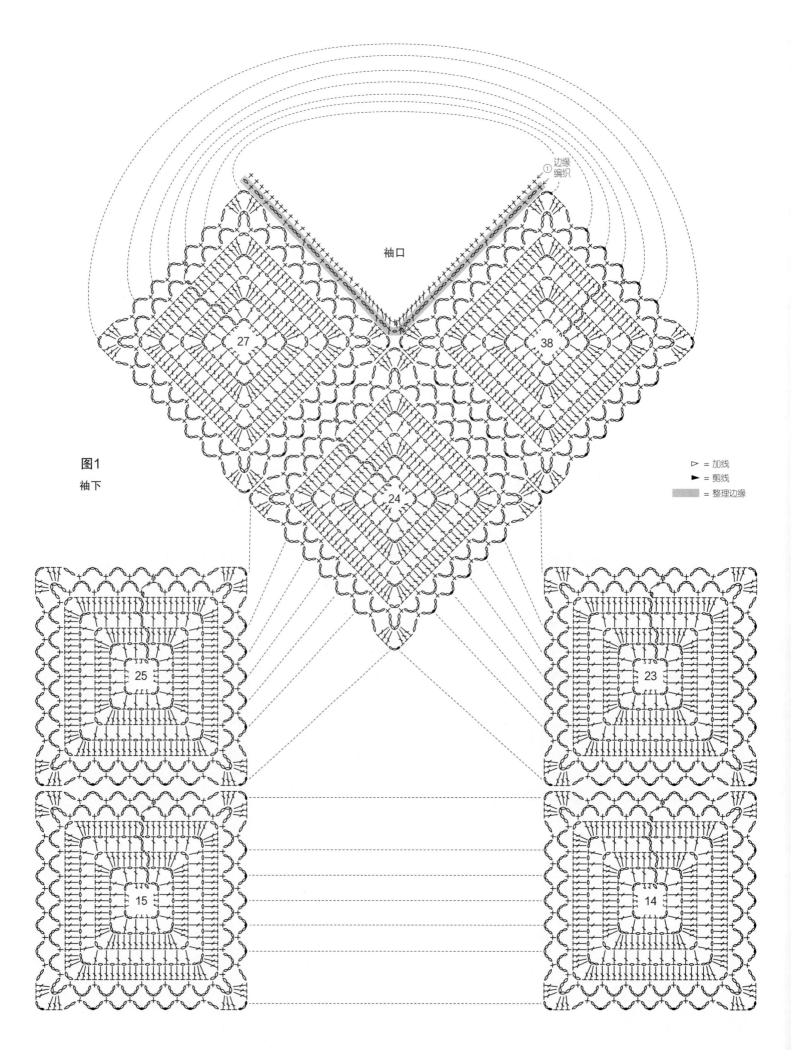

袖口

图1
袖下

▷ = 加线
► = 剪线
▨ = 整理边缘

①边缘编织

27 38 24 25 23 15 14

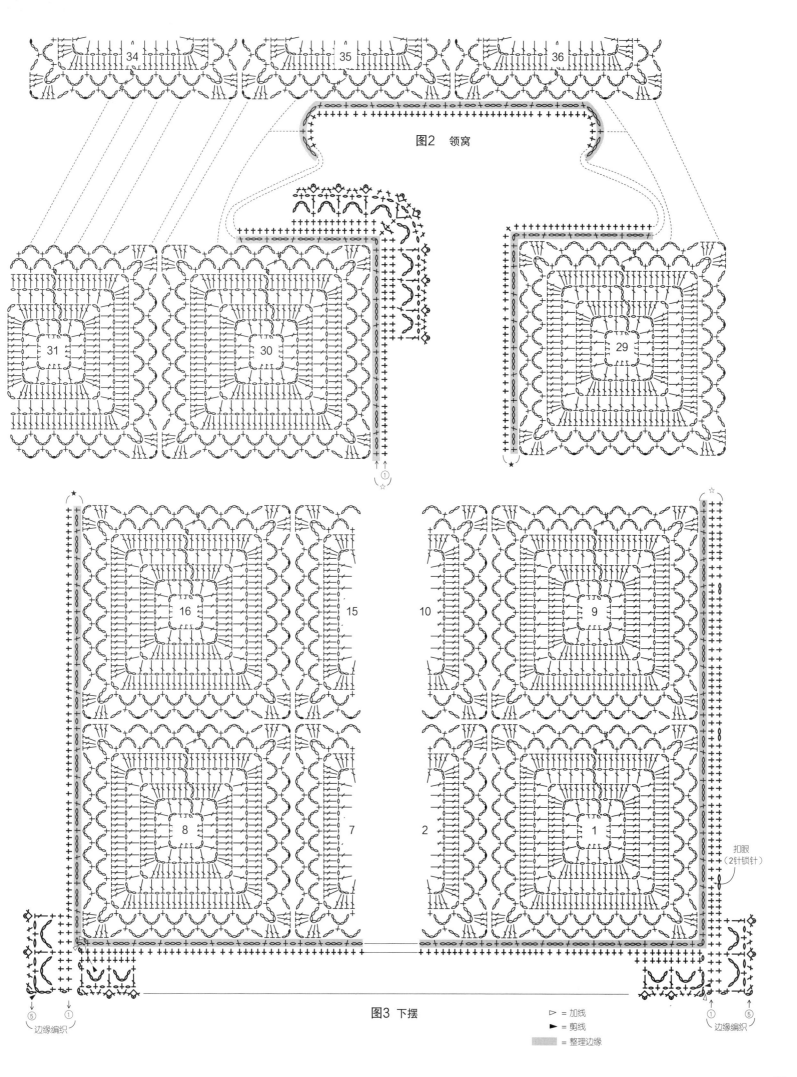

图2 领窝

图3 下摆

▷ = 加线
► = 剪线
▓ = 整理边缘

扣眼
（2针锁针）

边缘编织

边缘编织

**材料**

钻石线 DIA COSTA SORBET 青色系混合
（3102）200g/7团

**工具**

钩针 4/0 号

**成品尺寸**

胸围 140cm，衣长 50cm，连肩袖长 35.5cm

**编织密度**

编织花样 1 个花样 5.6cm，8.5 行 10cm

**编织要点**

●身片…锁针起针，做编织花样。编织花样最终行有变化，需要注意。前领窝参照图示减针。

●组合…肩部钩织引拔针和锁针接合，胁部钩织引拔针和锁针接合。领口、下摆及开衩、袖口要做环形的边缘编织，注意挑针位置不同，锁针针数会有变化，需要参照图示。

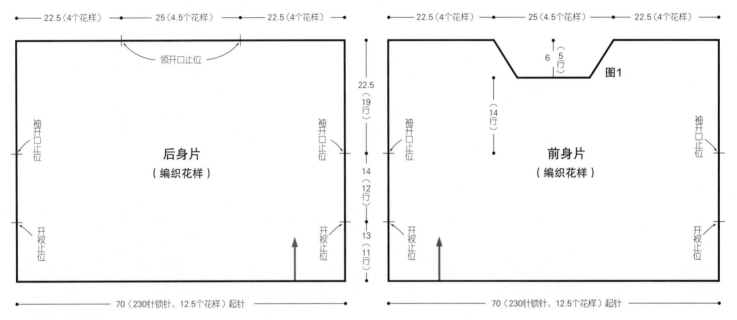

※ 全部使用4/0号针钩织

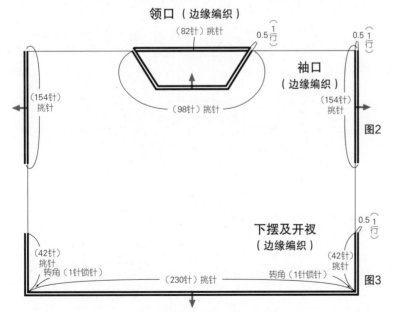

**边缘编织**（领口）

▶ = 剪线

※ 边缘编织的挑针位置不同，锁针数量有变化，注意参照图示

## 编织花样

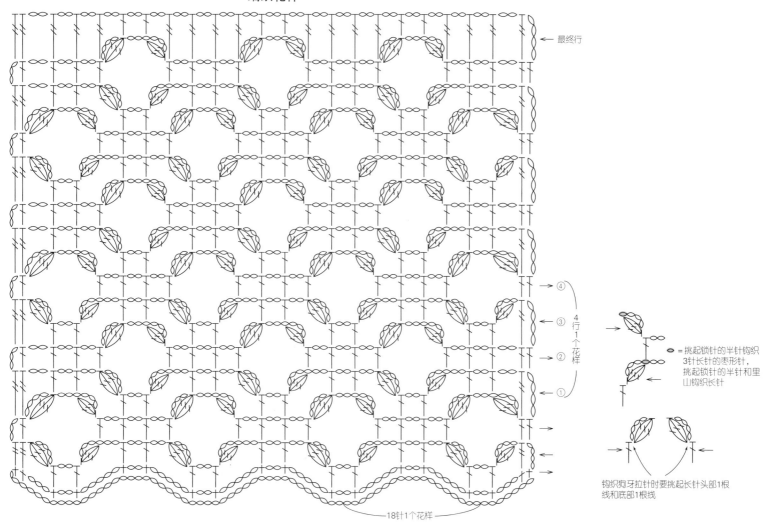

最终行

④
③ 4行1个花样
②
① 

= 挑起锁针的半针钩织3针长针的枣形针，挑起锁针的半针和里山钩织长针

钩织狗牙拉针时要挑起长针头部1根线和底部1根线

18针1个花样

 的编织方法

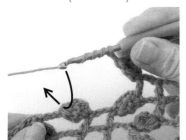

1 在针上挂线4次，如箭头所示插入钩针，钩织未完成的长针。

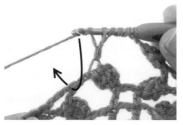

2 再次挂线2次，如箭头所示插入钩针，钩织未完成的长长针。

3 钩完未完成的长针和长长针的样子。挂线后从钩针上的3个线圈中引拔。

4 继续依次从2个线圈中引拔。

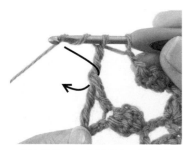

5 再次挂线2次，如箭头所示插入钩针，挂线并拉出。

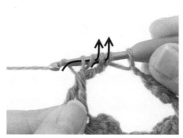

6 依次从针头上的2个线圈中引拔。

7 从剩余的3个线圈中引拔。

8 完成。

99

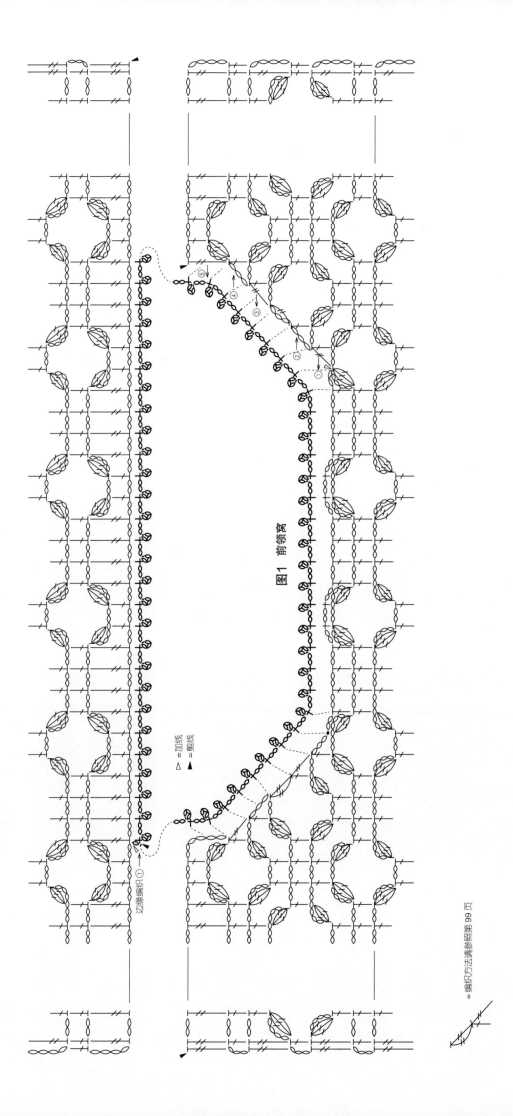

图1 前领宽

边缘编织①

▷ = 加线
▲ = 剪线

= 编织方法请参照第 99 页

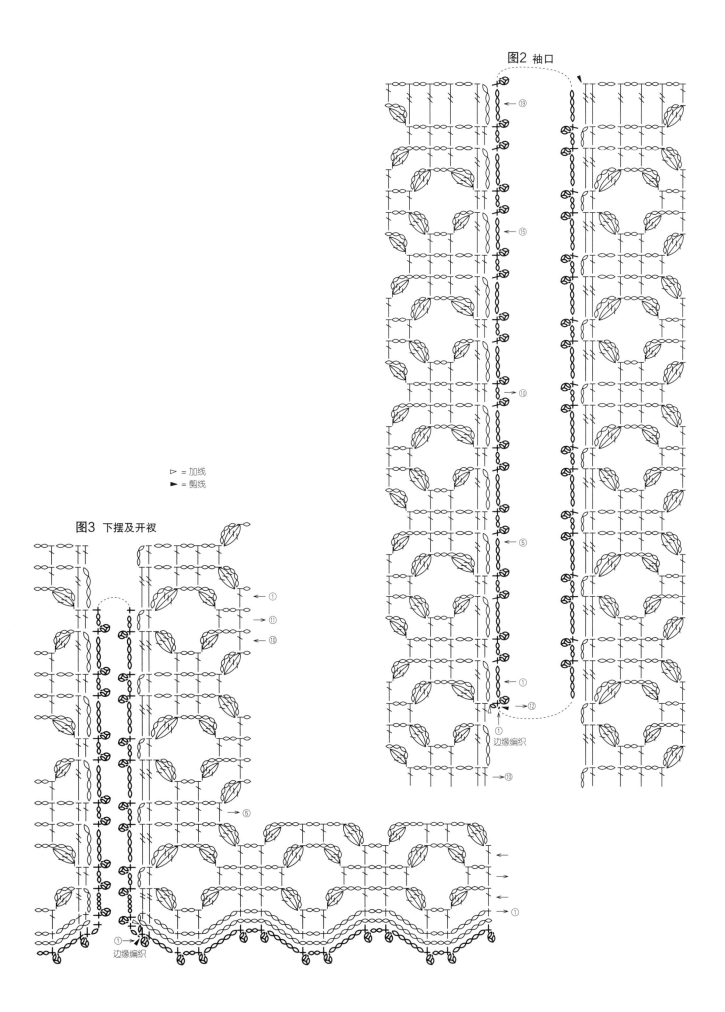

图2 袖口

▷ = 加线
► = 剪线

图3 下摆及开衩

边缘编织

边缘编织

**材料**

和麻纳卡 Rich More BARCE LONA 褐色（5）

［S号］265g/7团

［M号］305g/8团

［L号］355g/9团

［XL号］400g/10团

**工具**

棒针8号、6号

**成品尺寸**

［S号］胸围96cm，衣长56cm，连肩袖长34.5cm

［M号］胸围106cm，衣长60cm，连肩袖长36.5cm

［L号］胸围116cm，衣长65cm，连肩袖长40cm

［XL号］胸围126cm，衣长69.5cm，连肩袖长42cm

**编织密度**

10cm×10cm面积内：下针编织16针，23行

**编织要点**

●身片…手指挂线起针，做编织花样A和下针编织。育克〈下〉从前、后身片挑针，一边减针一边做环形的下针编织。育克〈上〉一边参照图示减针，一边往返做下针编织。衣领从育克挑针，环形做编织花样A。编织终点一边继续做编织花样A，一边做减针的伏针收针。

●组合…胁部做挑针缝合。袖口和身片起针方法相同，做编织花样B。编织终点做伏针收针，和起针做卷针缝。袖口与身片做挑针缝合。

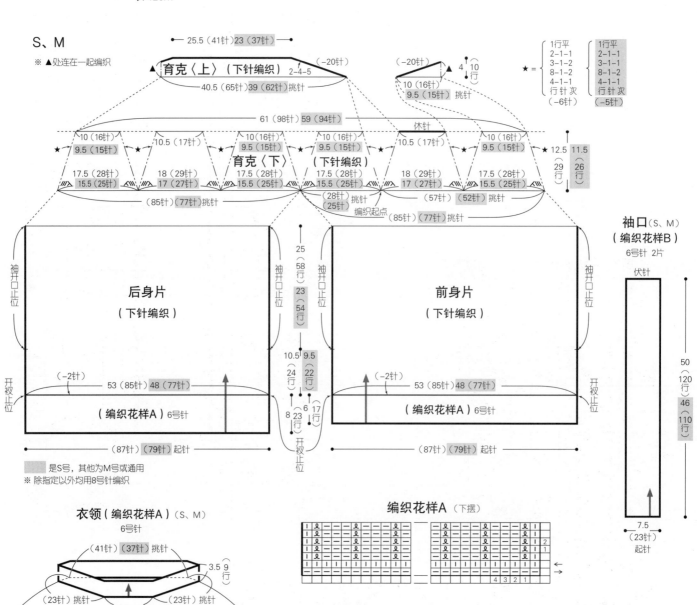

是S号，其他为M号或通用

※ 除指定以外均用8号针编织

**衣领**（编织花样A）（S、M）
6号针

※编织终点一边减针（−26针）（−25针），一边做伏针收针

**编织花样A**（下摆）

**编织花样A**（衣领）
——边继续做编织花样A，一边做减针的伏针收针

**袖口**（S、M）
（编织花样B）
6号针 2片

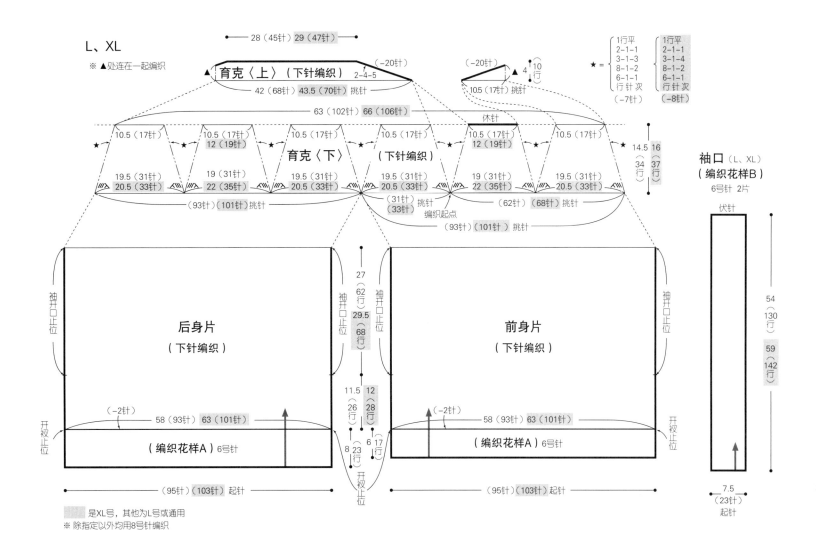

L、XL
※ ▲处连在一起编织

★ = {
1行平 / 1行平
2-1-1 / 2-1-1
3-1-3 / 3-1-4
8-1-2 / 8-1-2
6-1-1 / 6-1-1
行 针次 / 行 针次
（-7针）/（-8针）
}

28（45针）29（47针）

▲ 育克〈上〉（下针编织） 2-4-5  （-20针）

（-20针）4 10
行
10.5（17针）挑针

42（68针）43.5（70针）挑针

63（102针）66（106针） 休针

10.5（17针） 10.5（17针） 10.5（17针） 10.5（17针） 10.5（17针） 10.5（17针）

14.5 16
（34 37
行）行

★ 12（19针）★ 育克〈下〉（下针编织）★ 12（19针）★

19.5（31针）19（31针）19.5（31针）19.5（31针）19（31针）19.5（31针）
20.5（33针）22（35针）20.5（33针）20.5（33针）22（35针）20.5（33针）

（93针）（101针）挑针   （31针）（33针）挑针   （62针）（68针）挑针
编织起点

（93针）（101针）挑针

27
（62
行）

29.5
（68
行）

后身片
（下针编织）

袖口（L、XL）
（编织花样B）
6号针 2片

伏针

前身片
（下针编织）

袖开口止位

11.5 12
（26 28
行）行

6 17
（8 23
行）行

（-2针）58（93针）63（101针）

（编织花样A）6号针

开衩止位

54
（130
行）

59
（142
行）

（-2针）58（93针）63（101针）

（编织花样A）6号针

（95针）（103针）起针

开衩止位

（95针）（103针）起针

7.5
（23针）
起针

是XL号，其他为L号或通用
※ 除指定以外均用8号针编织

衣领（编织花样A）（L、XL）
6号针

（45针）（47针）挑针

3.5 9
行

（23针）挑针 （23针）挑针

（17针）（19针）
挑针

※ 编织终点一边减针（-27针）（-28针），一边做伏针收针

组合方法

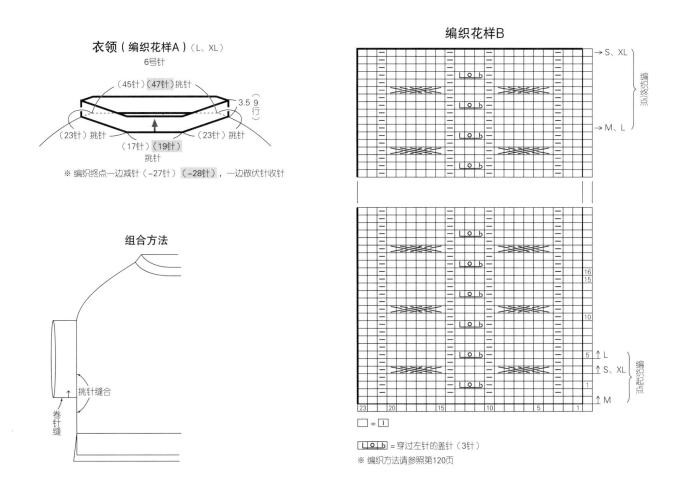

挑针缝合

卷针缝

编织花样B

→ S、XL
→ M、L

编织终点

16
15

10

5 ↑L
↑ S、XL
↑M

编织起点

23    20    15    10    5    1

□ = |

Ｌｏｂ = 穿过左针的盖针（3针）

※ 编织方法请参照第120页

103

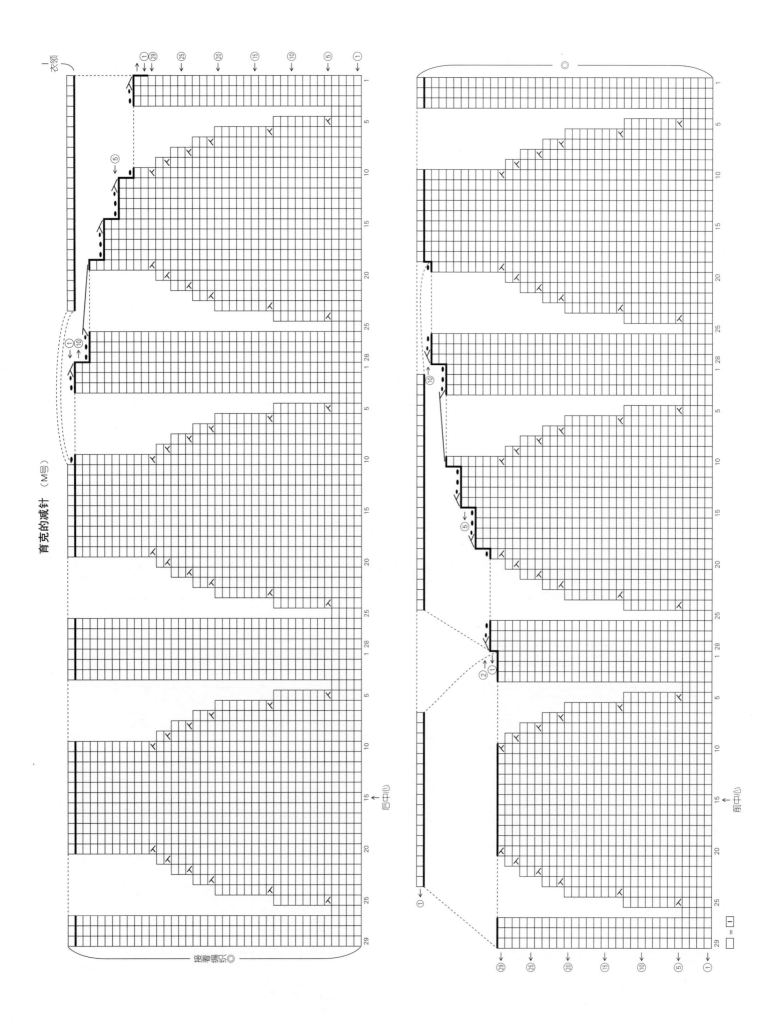

育克的减针（M号）

材料
奥林巴斯 Emmy Grande 淡米色（811）
250g/5团
**工具**
钩针2/0号
**成品尺寸**
胸围108cm，衣长48.5cm，连肩袖长28cm
**编织密度**
10cm×10cm面积内：编织花样A 33.5针，
13.5行；编织花样B 37.5针，17行

**编织要点**
●身片…后身片〈上〉、前身片〈上〉锁针
起针，做编织花样A。参照图示减针。后身
片〈下〉、前身片〈下〉挑取指定数量的针
目，做编织花样B。
●组合…肩部做卷针缝，胁部钩织引拔针和
锁针接合。袖口做边缘编织A。领座挑取指
定数量的针目，钩织短针。衣领看着身片反
面挑针，做编织花样B'；边缘做边缘编织
B。

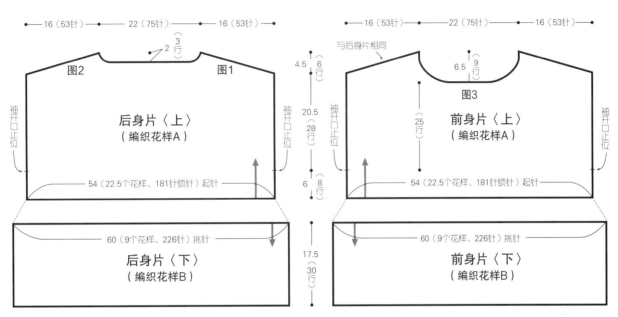

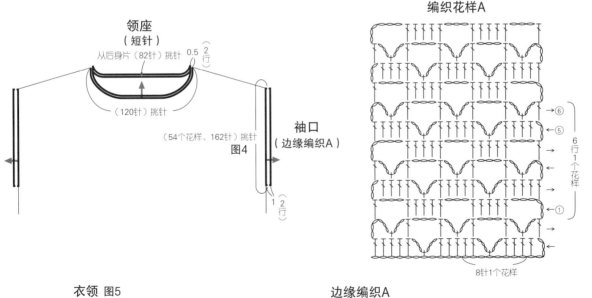

※ 全部使用2/0号针钩织

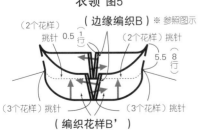

**编织花样A**

8针1个花样

**边缘编织A**

3针1个花样

**衣领 图5**

**边缘编织B**

4针1个花样

►= 剪线

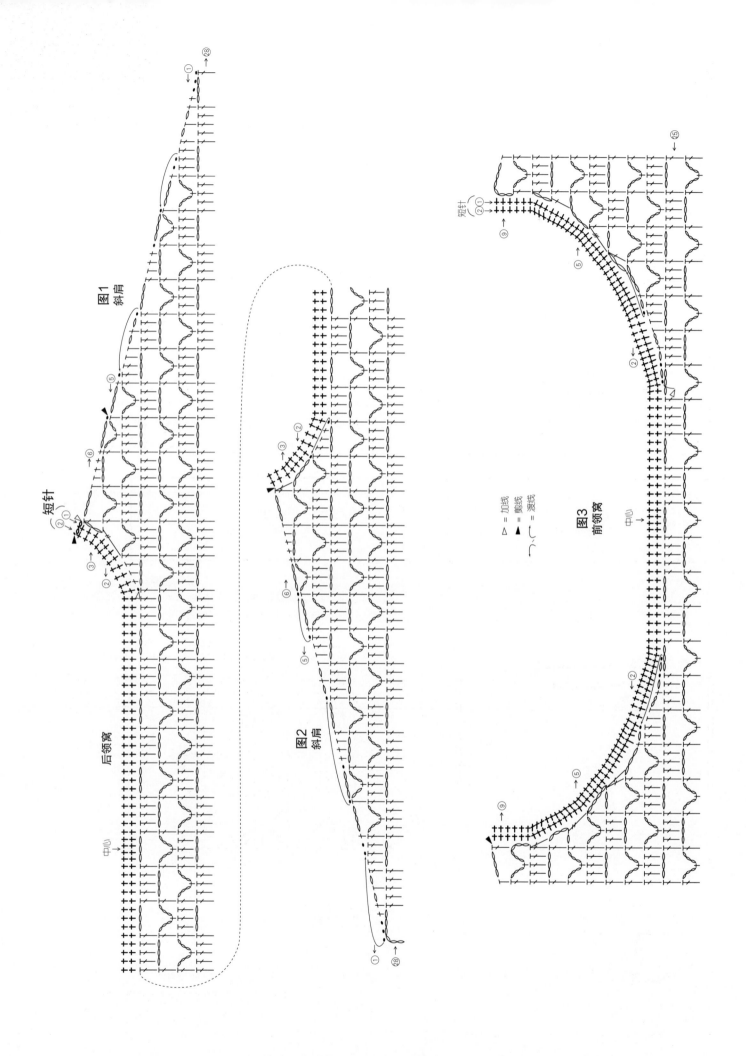

图1
斜肩

后领窝

短针

中心

图2
斜肩

图3
前领窝

中心

短针

△ = 加线
▲ = 剪线
⌒ = 渡线

106

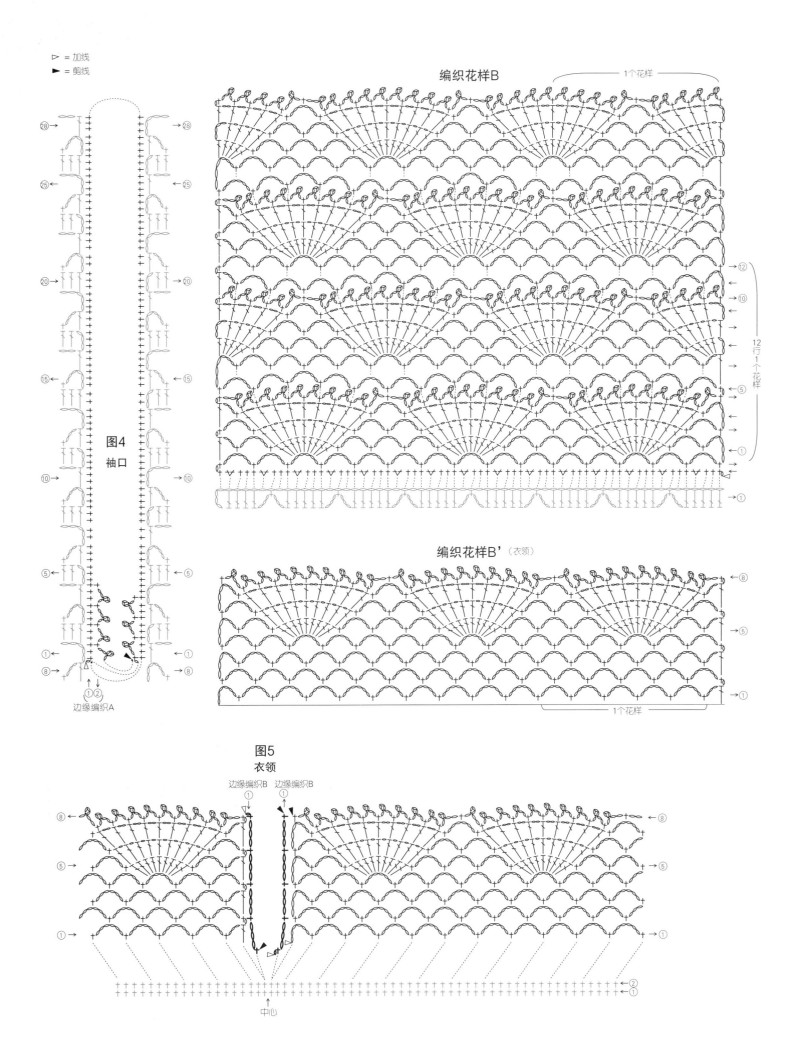

▷ = 加线
► = 剪线

编织花样B

1个花样

12行1个花样

图4
袖口

边缘编织A

编织花样B'（衣领）

1个花样

图5
衣领

边缘编织B　边缘编织B

中心

**材料**
奥林巴斯 蓝色（343）310g/7团，直径14mm的纽扣6颗
**工具**
钩针3/0号
**成品尺寸**
胸围96cm，衣长51.5cm，连肩袖长36.5cm

**编织密度**
花片边长6cm
**编织要点**
●身片、衣袖…全部用连编花片的方法钩织。参照图示按顺序钩织。
●组合…下摆、前门襟、衣领和袖口环形做边缘编织。缝上纽扣。

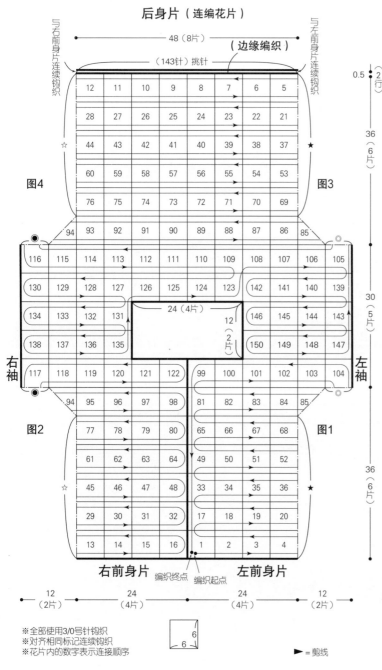

后身片（连编花片）
48（8片）
（边缘编织）
（143针）挑针
与右前身片连续钩织
与左前身片连续钩织

0.5（2行）
36（6片）
30（5片）
36（6片）

24（4片）
12（2片）

图4　图3
图2　图1

右袖　左袖

右前身片　左前身片
编织终点　编织起点

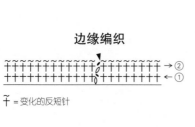

12（2片）　24（4片）　24（4片）　12（2片）

※全部使用3/0号针钩织
※对齐相同标记连续钩织
※花片内的数字表示连接顺序

6
6

▶ = 剪线

**边缘编织**

←②
→①

干 = 变化的反短针

**前下摆、前门襟、衣领**
（边缘编织）

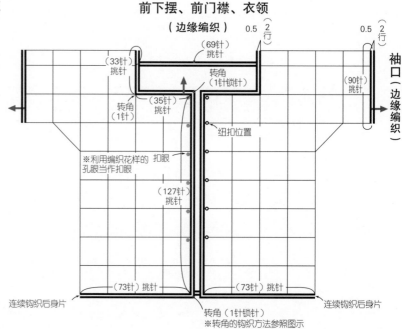

0.5（2行）　0.5（2行）
（69针）挑针
（33针）挑针
转角（1针锁针）
转角（1针）
（35针）挑针
（90针）挑针
袖口（边缘编织）
纽扣位置
※利用编织花样的 扣眼孔眼当作扣眼
（127针）挑针
（73针）挑针　（73针）挑针
连续钩织后身片　连续钩织后身片
转角（1针锁针）
※转角的钩织方法参照图示

## 花片的连接方法

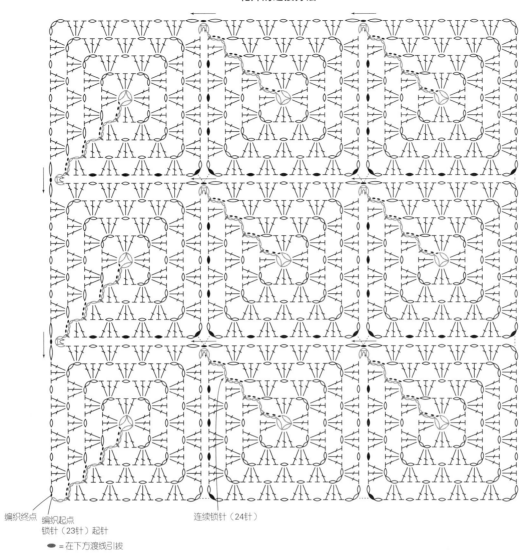

编织终点　编织起点
锁针（23针）起针

连续锁针（24针）

●= 在下方渡线引拔

## 变化的反短针

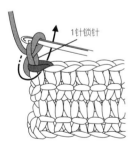

1针锁针

1 立织1针锁针，如箭头所
　示插入钩针。

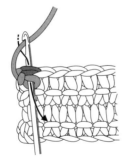

2 挂线并引拔。

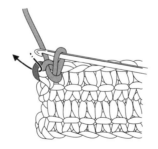

3 如箭头所示插入钩针将线
　拉出。

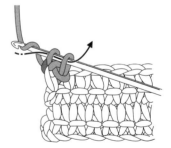

4 钩织短针。

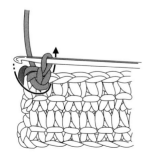

5 如箭头所示插入钩针。

6 挂线并引拔。

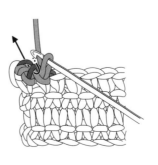

7 如箭头所示插入钩针，将
　线拉出。

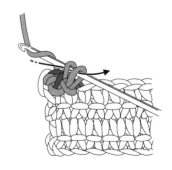

8 钩织短针。重复步骤
　5~8。

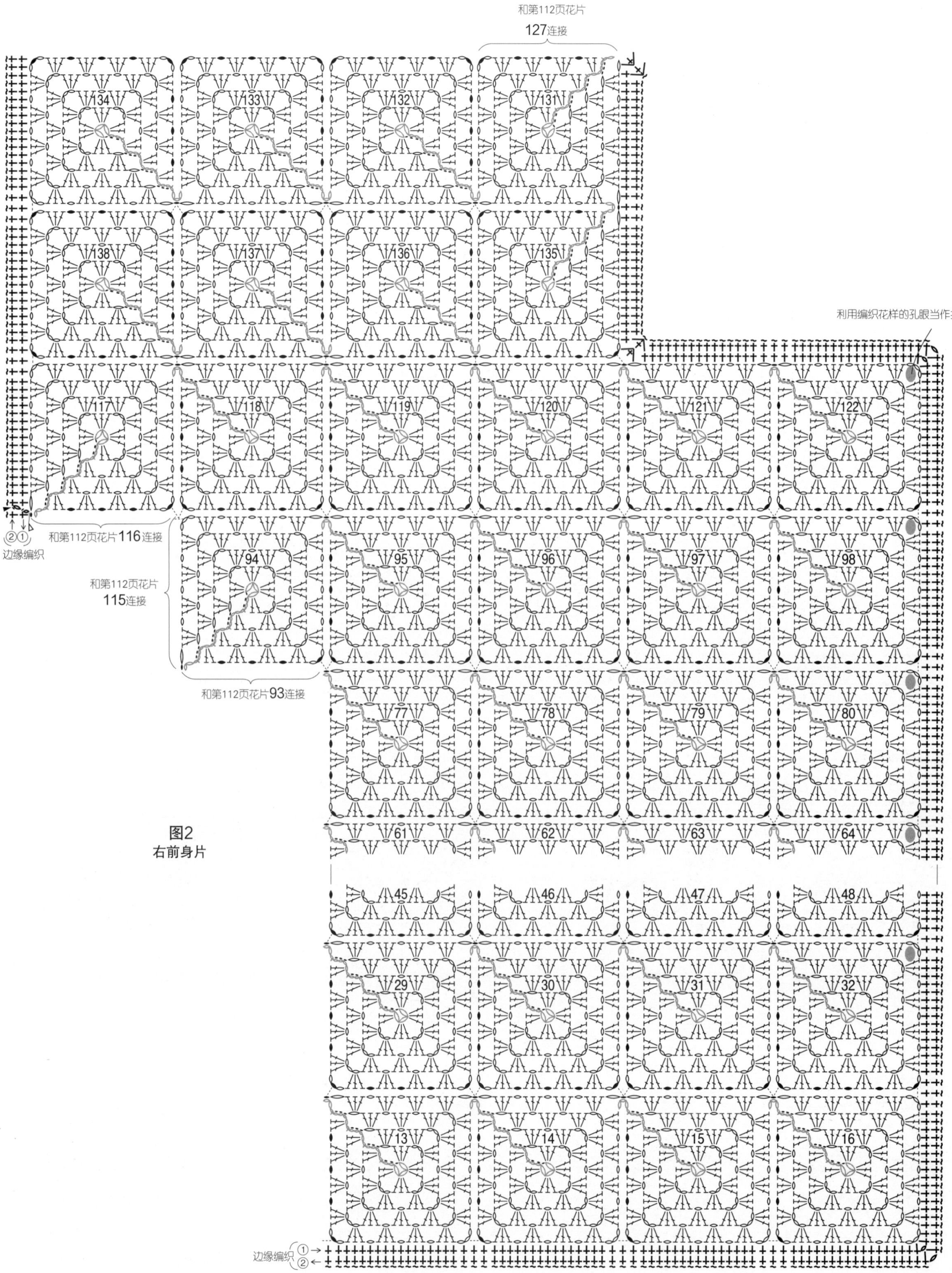

和第112页花片
**127**连接

利用编织花样的孔眼当作扣眼

① ②
边缘编织
和第112页花片**116**连接

和第112页花片
**115**连接

和第112页花片**93**连接

图2
右前身片

边缘编织 ① →
② ←

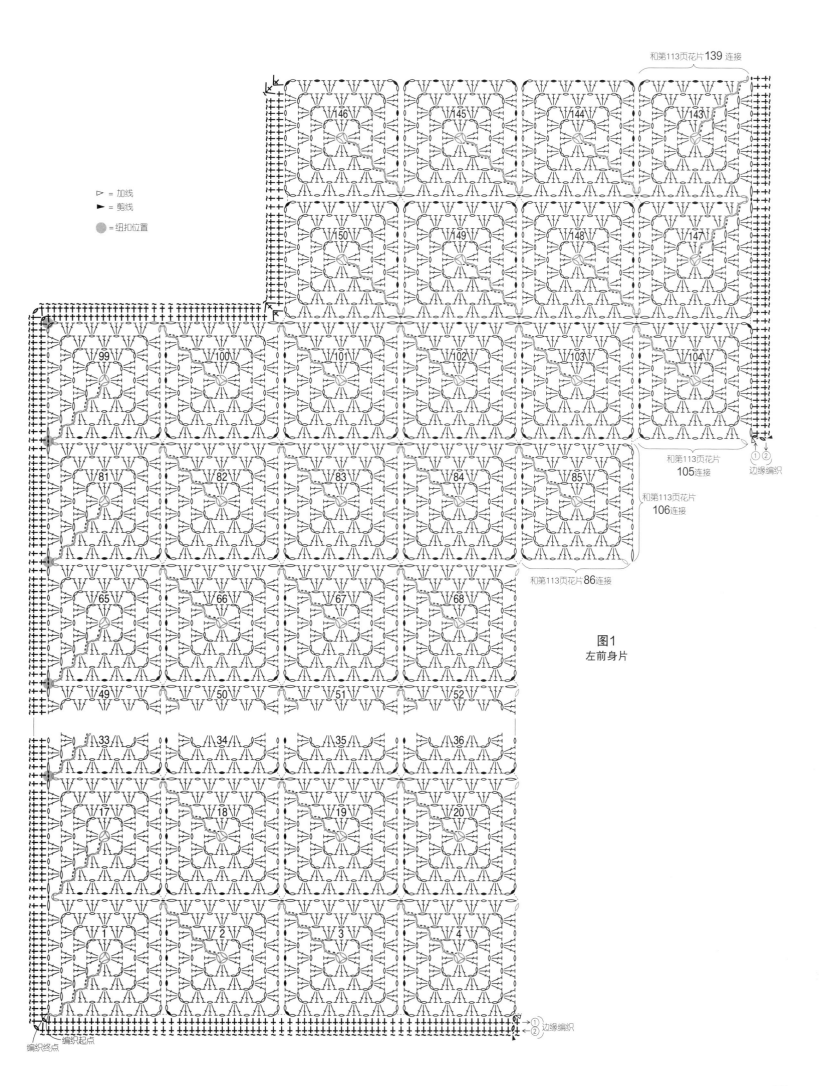

和第113页花片139 连接

▷ = 加线
► = 剪线
● = 纽扣位置

和第113页花片139 连接

图1
左前身片

和第113页花片105连接

和第113页花片106连接

和第113页花片86连接

① ②
边缘编织

① ②
边缘编织

编织终点
编织起点

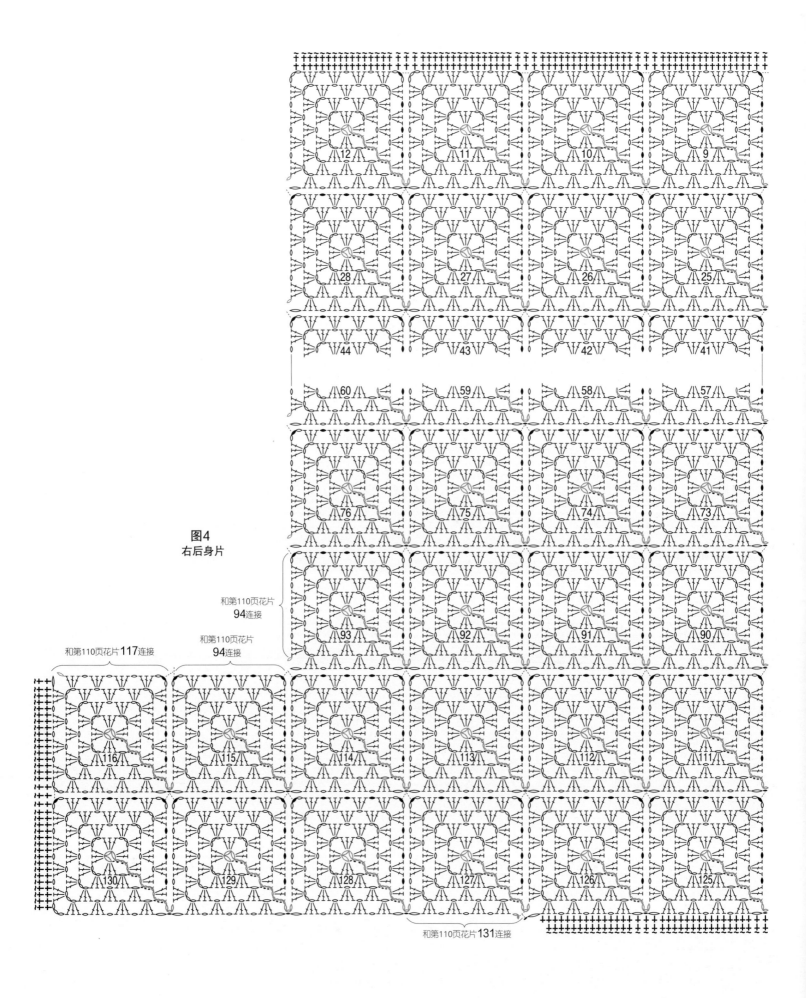

图4
右后身片

和第110页花片
**94**连接

和第110页花片 **117**连接

和第110页花片
**94**连接

和第110页花片 **131**连接

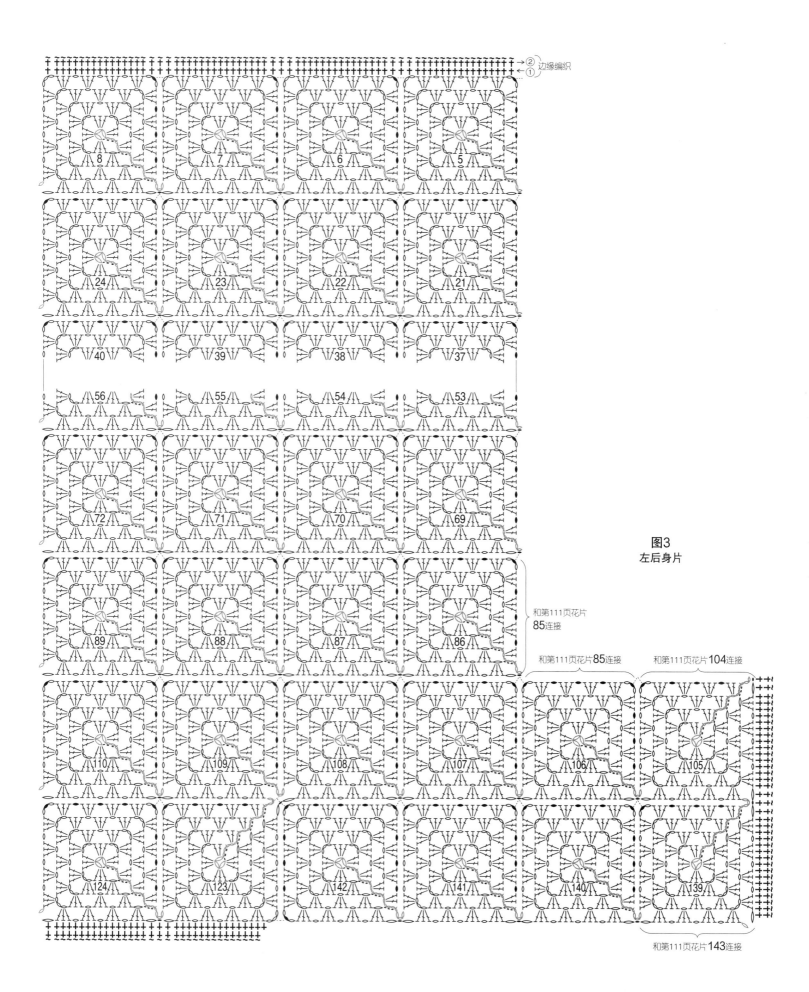

图3
左后身片

和第111页花片
85连接

和第111页花片85连接

和第111页花片104连接

和第111页花片143连接

**材料**
奥林巴斯 Emmy Grande 深蓝色（335）
430g/9团

**工具**
钩针4/0号、3/0号、2/0号

**成品尺寸**
胸围94cm，肩宽35cm，衣长95.5cm

**编织密度**
编织花样1个花样3cm，9.5行10cm（2/0号针）
花片大小请参照图示

**编织要点**
●身片…用连接花片的方法钩织。从第2片花片开始，在最终行钩织引拔针和相邻花片连接，钩织成环形。后身片、前身片从花片挑针，一边调整编织密度一边做边缘编织A、编织花样。参照图示减针。
●组合…肩部钩织引拔针和锁针接合，胁部钩织引拔针和锁针接合。下摆参照图示，从花片挑针，环形做边缘编织B、C。衣领、袖口挑取指定数量的针目，环形做边缘编织D。

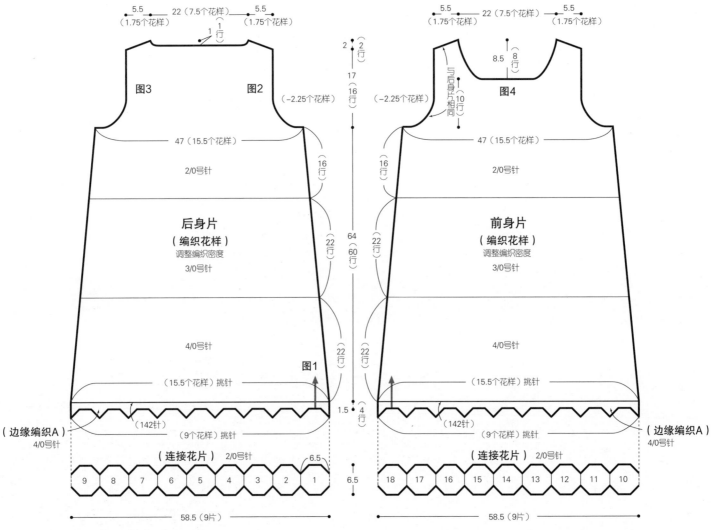

※ 花片内的数字表示连接顺序

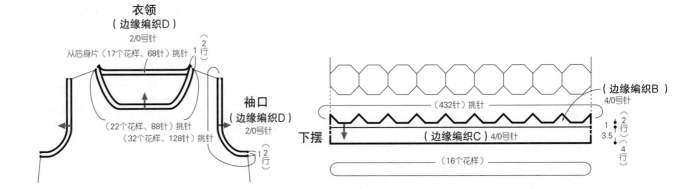

编织花样

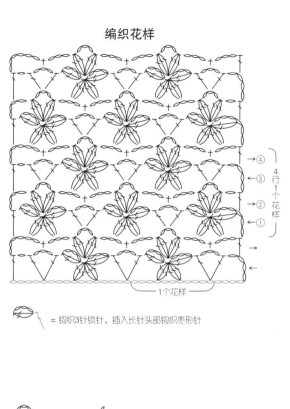

4行1个花样

→④
←③

←②
→①

1个花样

= 钩织3针锁针，插入长针头部钩织枣形针

花片 18片

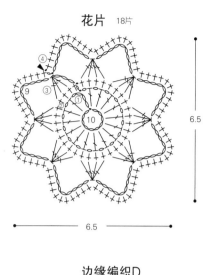

6.5

6.5

边缘编织D

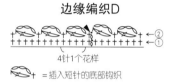

←②
←①

4针1个花样

= 插入短针的底部钩织

▷ = 加线
► = 剪线

图1
后身片

花片的连接方法

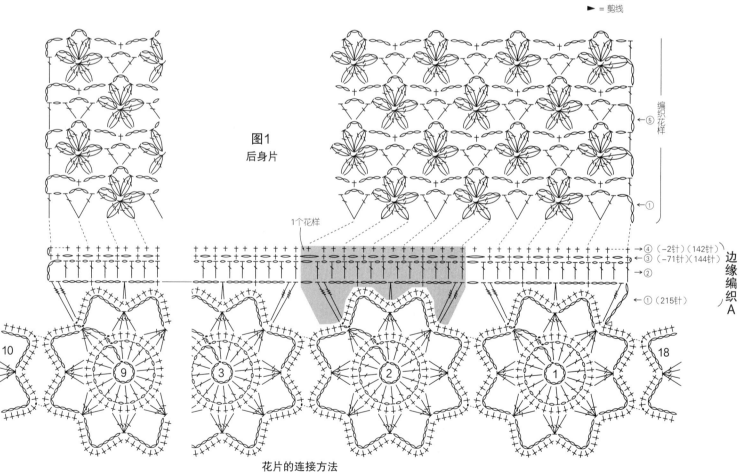

编织花样

←⑤

←①

1个花样

→④（-2针）（142针）
←③（-71针）（144针）
→②
←①（215针）

边缘编织A

10

9    3    2    1

18

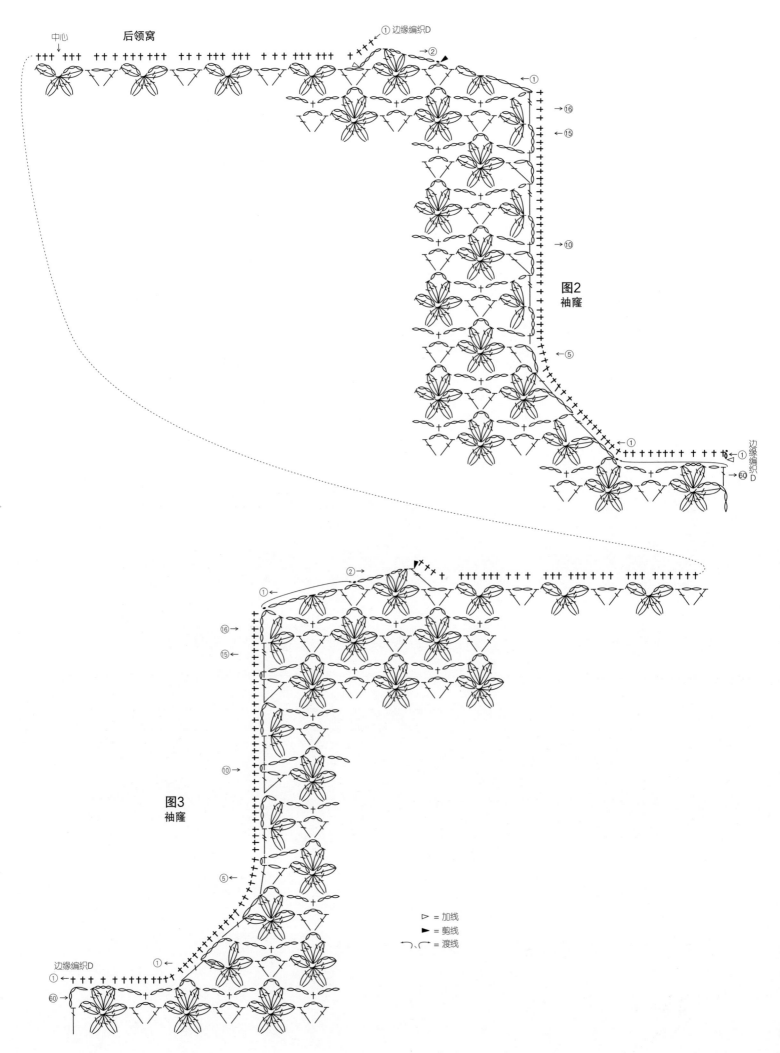

图2
袖窿

图3
袖窿

后领窝

中心

① 边缘编织D

边缘编织D

▷ = 加线
► = 剪线
⌐ = 渡线

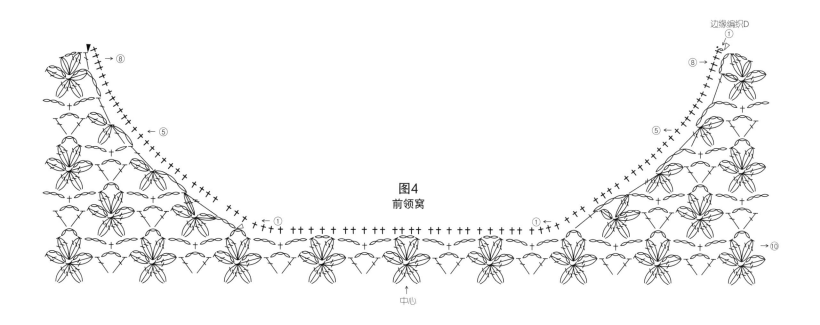

图4
前领窝

边缘编织B

边缘编织C

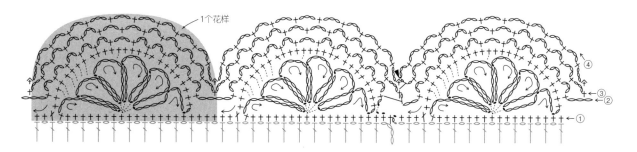

**材料**
［套头衫］奥林巴斯 Emmy Grande 银白色
(481) 210g/5团，淡灰色(485) 40g/1团
［装饰领］奥林巴斯 Emmy Grande 淡灰色
(485) 30g/1团
**工具**
钩针 2/0 号
**成品尺寸**
［套头衫］胸围104cm，衣长49cm，连肩袖
长26.5cm
［装饰领］领围50cm，领宽8cm
**编织密度**
10cm×10cm面积内：条纹花样40针，15
行

编织花样1个花样1.7cm（编织起点），7行
7cm
**编织要点**
●套头衫…锁针起针，前、后身片连在一起
钩织条纹花样。钩织22行后，参照图示前、
后身片分开钩织。分别钩织35行后，前、后
身片连在一起继续钩织。胁部做卷针缝，下
摆、领口、袖口挑起指定数量的针目，环形钩
织条纹边缘。
●装饰领…锁针起针，做编织花样。领周围
钩织短针和边缘编织。钩织纽扣，缝在指定
位置。

## 套头衫

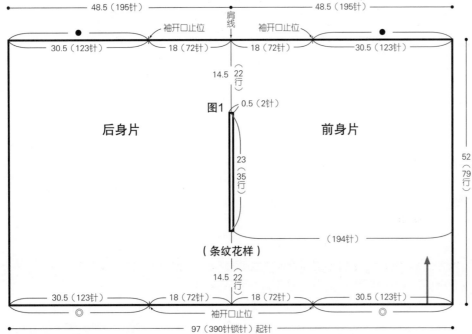

48.5（195针）　　　48.5（195针）
肩线
30.5（123针）　18（72针）　18（72针）　30.5（123针）
袖开口止位　　　　　　　　　　袖开口止位
14.5 22行
图1　0.5（2针）
**后身片**　　　**前身片**
23（35行）
（条纹花样）
（194针）
14.5 22行
30.5（123针）　18（72针）　18（72针）　30.5（123针）
袖开口止位
97（390针锁针）起针
52（79行）

※ 全部使用2/0号针钩织
※ 分别对齐 ●、○ 做卷针缝

## 条纹边缘

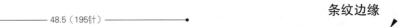

±＝短针的条纹针
※编织方法请参照第134页

►＝剪线

## 领口、袖口（条纹边缘）

0.5 2行
（158针）挑针
（109针）挑针
0.5 2行
用银白色线做卷针缝

## 下摆（条纹边缘）

0.5 2行
（350针）挑针

## 条纹花样

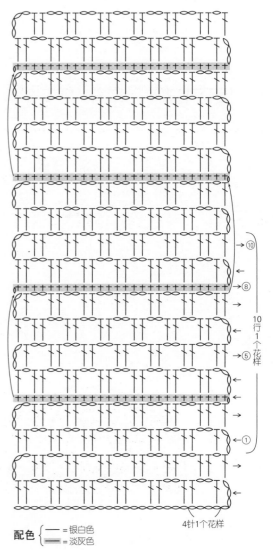

→⑩
←
→⑧
←
→⑤
←
→①

10行一个花样

4针1个花样

配色｛—＝银白色　—＝淡灰色

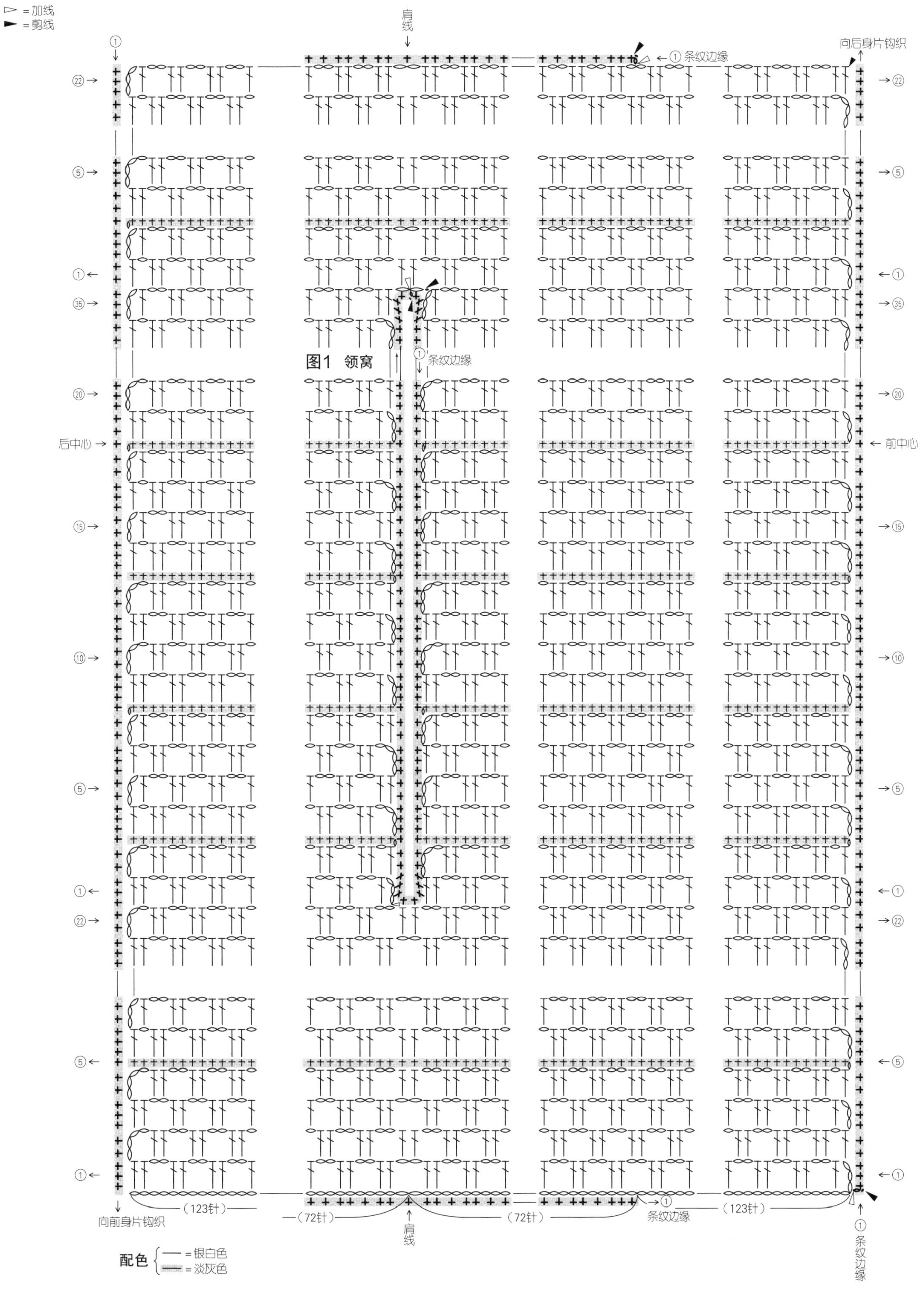

图1 领窝

肩线

① 条纹边缘

向后身片钩织

① 条纹边缘

后中心 →

前中心

向前身片钩织

（123针）

（72针）

肩线

（72针）

条纹边缘

（123针）

条纹边缘

配色 { —— = 银白色
         ▨▨▨ = 淡灰色 }

## 装饰领

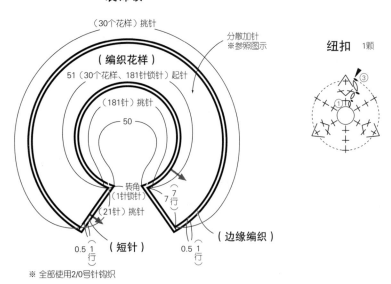

（30个花样）挑针

（编织花样）
51（30个花样、181针锁针）起针

分散加针
※参照图示

（181针）挑针

50

转角
（1针锁针）

（21针）挑针

（短针）

（边缘编织）

7行

7行

0.5 1行

0.5 1行

※ 全部使用2/0号针钩织

纽扣 1颗

纽扣的组合方法

最终行穿线并收紧，整理平
整，在第1行上缝合一周

► = 剪线

## 编织花样

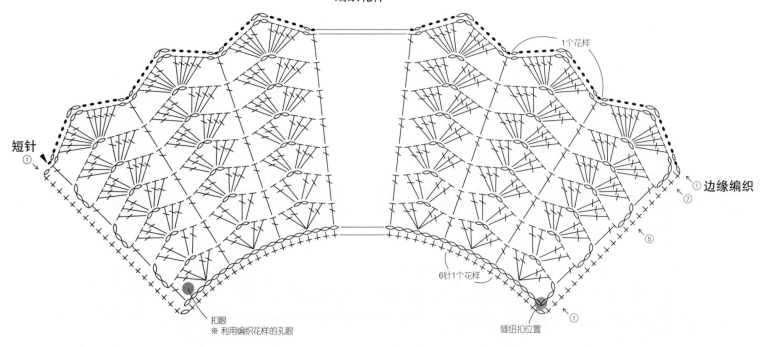

短针
①

边缘编织
①
⑦
⑤
①

1个花样

6针1个花样

扣眼
※ 利用编织花样的孔眼

缝纽扣位置

穿过左针的盖针
（铜钱花）
（3针的情况）

1 如箭头所示，右棒针插入
左棒针的第3针里，盖住右
侧的2针。

2 右棒针从织片前面插入左
棒针右侧的针目中，编织
下针。

3 挂针，右棒针插入左侧的
针目中，编织下针。

4 穿过左针的盖针完成。

A

B

**材料**

[A] 钻石线 Diaraconter 绿色、水蓝色和灰粉色系段染（2203）40g/2 团

[B] 芭贝 Cotton Kona 藏青色（80）25g/1 团，深粉色（82）20g/1 团，灰色（65）15g/1 团

**工具**

魔法一根针8号

**成品尺寸**

[A] 深 14.5cm

[B] 深 15cm

**编织密度**

10cm×10cm面积内：编织花样21针，14.5行；条纹花样20针，14行

**编织要点**

● 参照第36页编织。环形起针后开始钩织长针。接着作品A按编织花样、作品B按条纹花样编织，注意编织起点位置要错开。编织18行后，接着钩织边缘。最后钩织2条细绳，穿入指定位置。

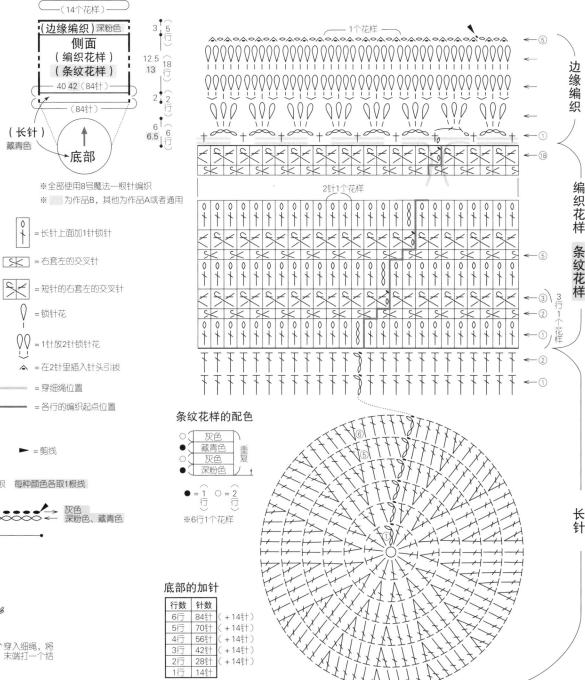

（14个花样）

（边缘编织）深粉色

侧面
（编织花样）
（条纹花样）

40 42（84针）

（84针）

（长针）藏青色

底部

3　5行

12.5　18行
13

2　2行

6　6行
6.5

※全部使用8号魔法一根针编织
※ [ ] 为作品B，其他为作品A或者通用

○↑ = 长针上面加1针锁针

⊠ = 右套左的交叉针

⊠ = 短针的右套左的交叉针

⋀ = 锁针花

⋀⋀ = 1针放2针锁针花

⌒ = 在2针里插入针头引拔

⸺ = 穿细绳位置

▬ = 各行的编织起点位置

► = 剪线

**细绳**
（双重锁针） 2根　每种颜色各取1根线

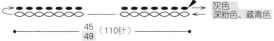

灰色
深粉色、藏青色

45
49（110针）

**组合方法**

穿入细绳，将末端打一个结

边缘编织

编织花样　条纹花样

长针

1个花样

2针1个花样

3行1个花样

**条纹花样的配色**

| ○ | 灰色 | |
| ● | 藏青色 | 重复 |
| ○ | 灰色 | |
| ● | 深粉色 | |

● = 1 行　○ = 2 行

※6行1个花样

**底部的加针**

| 行数 | 针数 | |
|---|---|---|
| 6行 | 84针 | （＋14针） |
| 5行 | 70针 | （＋14针） |
| 4行 | 56针 | （＋14针） |
| 3行 | 42针 | （＋14针） |
| 2行 | 28针 | （＋14针） |
| 1行 | 14针 | |

**材料**
芭贝 Palpito 蓝色系段染( 6510 ) 160g/4 团,
Cotton Kona Fine 咖啡色( 340 ) 45g/2 团
**工具**
魔法一根针13号
**成品尺寸**
宽33cm,长138cm

**编织密度**
10cm×10cm 面 积 内:条 纹 花 样19针,
14.5行
**编织要点**
●参照第34页编织。用Palpito线锁针起针,
接着按条纹花样编织。编织终点做引拔收针。

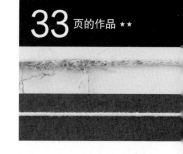

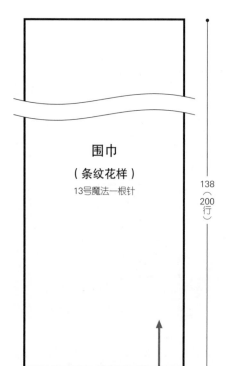

围巾
（条纹花样）
13号魔法一根针

138
(200)
行

33（62针）起针

## 条纹花样

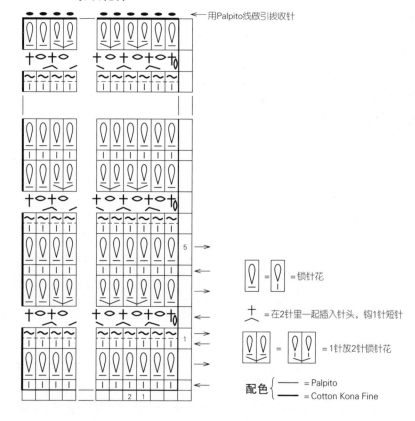

← 用Palpito线做引拔收针

5

1

2  1

= 锁针花

= 在2针里一起插入针头,钩1针短针

= 1针放2针锁针花

**配色** — = Palpito
— = Cotton Kona Fine

---

**扭针的右上2针并1针**

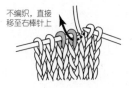

1 从后面将棒针插入右边的针目,不编织直接移至右棒针上。

2 在左边的针目里插入棒针,挂线后拉出,编织下针。

3 在刚才移至右棒针的针目里插入左棒针,将其覆盖在已织针目上。

4 扭针的右上2针并1针完成。

**扭针的左上2针并1针**

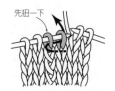

1 先将左边的针目扭一下,如箭头所示插入右棒针。

2 挂线后拉出,在2针里一起编织下针。

3 扭针的左上2针并1针完成。

**材料**
达摩手编线 TUBE 透明(1) 290g/8团，
Ladder Tape 浅灰色+钻蓝色(6) 10g/1团
**工具**
钩针 8mm、8/0 号
**成品尺寸**
宽37cm，深25.5cm
**编织密度**
10cm×10cm面积内：短针的条纹针12.5针，
12行

**编织要点**
●底部锁针起针后，环形钩织短针。参照图示加针。接着按短针的条纹针钩织侧面。钩织27行后，接着钩织包口和提手。注意包口部分钩织短针的条纹针，提手部分钩织短针。最后在提手和包口边缘钩织反短针。

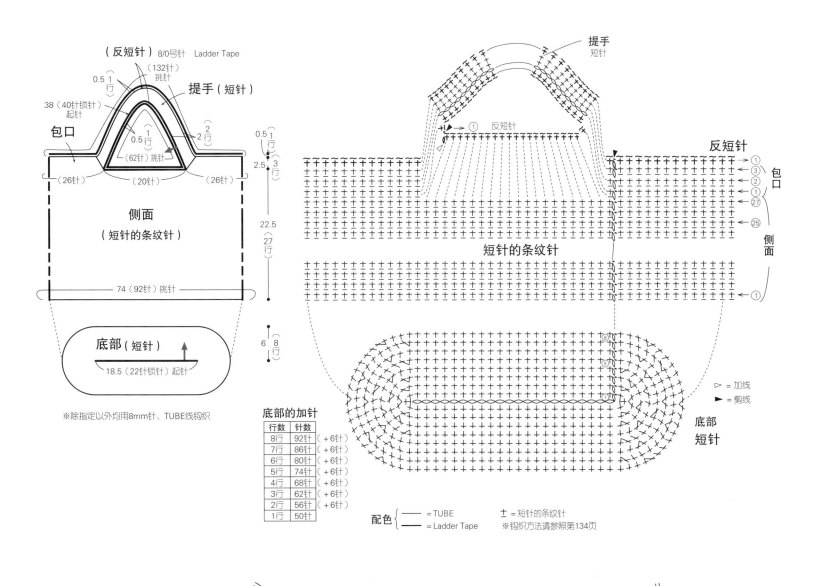

（反短针）8/0号针 Ladder Tape

（132针）挑针

0.5 1 行

38（40针锁针）起针

提手（短针）

包口

0.5 行
2 行
（62针）挑针

（26针）　（20针）　（26针）

侧面
（短针的条纹针）

0.5 1 行
2.5 3 行

22.5（27行）

74（92针）挑针

底部（短针）

18.5（22针锁针）起针

※除指定以外均用8mm针、TUBE线钩织

**底部的加针**

| 行数 | 针数 | |
|---|---|---|
| 8行 | 92针 | （+6针） |
| 7行 | 86针 | （+6针） |
| 6行 | 80针 | （+6针） |
| 5行 | 74针 | （+6针） |
| 4行 | 68针 | （+6针） |
| 3行 | 62针 | （+6针） |
| 2行 | 56针 | （+6针） |
| 1行 | 50针 | |

配色 {　── = TUBE　　**╅** = 短针的条纹针
　　　── = Ladder Tape　※钩织方法请参照第134页

提手
短针

① 反短针

包口

反短针
①
③
②
①
27
25

侧面

短针的条纹针

①

6 8 行

▷ = 加线
▶ = 剪线

底部
短针

**反短针**

∼
**十**

1 不要翻转织物，立织1针锁针，如箭头所示转动钩针，在前一行针目的头部2根线里插入钩针。

2 从线的上方挂线，直接将线拉出至前面。

3 将线拉出至前面的状态。

4 针头挂线，如箭头所示一次性穿过2个线圈，钩织短针。

5 反短针完成。

123

**材料**

[迷你挂包] 达摩手编线 Ladder Tape 浅灰色+钴蓝色(6) 30g/1团 白色(1) 15g/1团
[背心] 达摩手编线 Ladder Tape 浅灰色+钴蓝色(6) 160g/4团 白色(1) 65g/2团
[短裤] 达摩手编线 Ladder Tape 浅灰色+钴蓝色(6) 285g/6团 白色(1) 45g/1团

**工具**

钩针9/0号、7/0号、8/0号，棒针11号、4号

**成品尺寸**

[迷你挂包] 宽15cm，深15cm
[背心] 胸围90cm，肩宽37cm，衣长46cm
[短裤] 腰围93cm，长46cm

**编织密度**

10cm×10cm面积内：条纹花样、编织花样(9/0号针)均为16针，9行；单罗纹针16针，20行

**编织要点**

●迷你挂包…锁针起针后，按条纹花样环形钩织。钩织11行后，从长针和短针的头部挑针，编织单罗纹针。编织终点做伏针收针。

接着环形钩织边缘。底部做引拔接合。最后编织2根提手，缝在指定位置。

●背心…锁针起针后，按条纹花样环形钩织。钩织19行后，从长针和短针的头部挑针，环形编织单罗纹针，注意袖隆往上部分做往返编织。袖隆参照图示减针。肩部做引拔接合。下摆从起针的锁针上挑针，环形编织单罗纹针。编织终点做伏针收针。接着钩织边缘。领口、袖口挑取指定数量的针目，环形钩织边缘。

●短裤…锁针起针后，左、右裤腿分别按条纹花样环形钩织。钩织9行后，从左、右裤腿上挑针，将左、右裤身连起来按编织花样一边钩织一边调整编织密度和减针。接着从长针和短针的头部挑针，参照图示一边制作穿绳孔，一边编织腰头的单罗纹针和边缘编织。裤脚从起针的锁针上挑针，环形编织单罗纹针和边缘编织。分别对齐相同标记△、▲做引拔接合。最后编织细绳，穿入腰头的穿绳孔，将末端打一个结。

## 迷你挂包

（边缘编织）7/0号针

（40针）挑针
（48针）挑针

侧面
（条纹花样）
9/0号针

（单罗纹针）11号针

1行
1行
2针
4行
12
11行

30
（8个花样、48针锁针）起针

※除指定以外均用浅灰色+钴蓝色线编织

## 提手
（i-cord）
4号针 2根

伏针

30（70行）

（3针）起针

## 条纹花样 （通用）

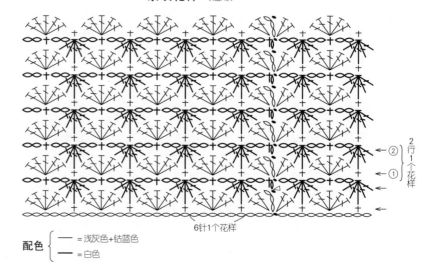

2行1个花样
②
①

6针1个花样

**配色** {
= 浅灰色+钴蓝色
= 白色
}

## 组合方法

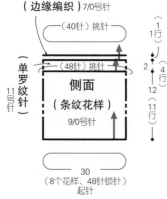

提手
2.5
2.5
缝在内侧
1

正面相对做引拔接合

## i-cord的编织方法

※使用无堵头的棒针

③
②
①

第1行结束后，将线头拉回编织起点侧，朝同一个方向编织第2行

▷ = 加线
▶ = 剪线

## 边缘编织 （通用）

①

2针1个花样

## 单罗纹针

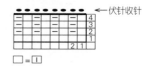
伏针收针
4
3
2
1

□ = □

背心

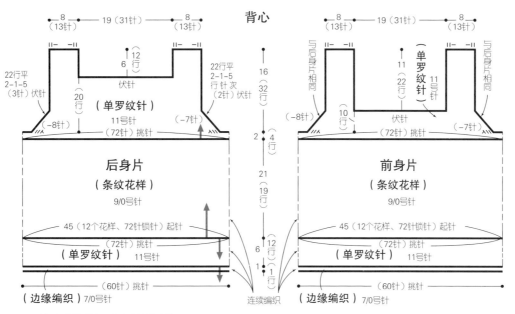

**后身片**
（条纹花样）
9/0号针

**前身片**
（条纹花样）
9/0号针

8（13针） 19（31针） 8（13针）

12
6行
伏针

20行
（单罗纹针）
11号针
（72针）挑针

22行平
2-1-5
（3行）伏针
（-8针）

22行平
2-1-5
行 针次
（2针）伏针
（-7针）

16

32
行

2
4
行

21
19
行

6
12
行

1
1
行

连续编织

与后身片相同

11
22
行
（单罗纹针）11号针

10
行
伏针

与后身片相同

（-8针）
（-7针）
（72针）挑针

45（12个花样、72针锁针）起针

（72针）挑针
（单罗纹针）11号针

（60针）挑针
（边缘编织）7/0号针

※ 除指定以外均用浅灰色+钴蓝色线编织
※ 袖窿前后连起来编织（5针）伏针

领口、袖口 （边缘编织）7/0号针

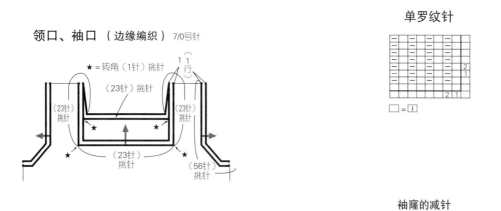

★=转角（1针）挑针

1 1
行

（23针）挑针
（23针）挑针
（23针）挑针
（23针）
挑针
（56针）
挑针

单罗纹针

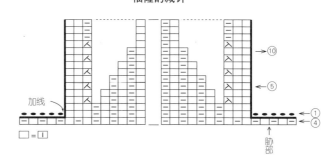

□＝□

领口边缘转角的钩织方法

袖窿的减针

加线

肋部

□＝□

①
④
⑤
⑩

125

短裤

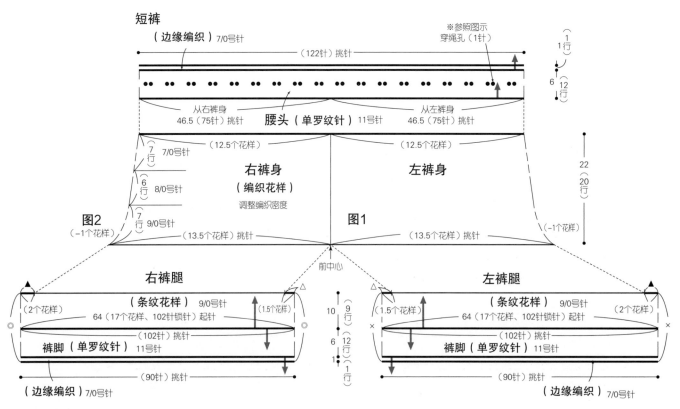

（边缘编织）7/0号针
※参照图示 穿绳孔（1针）
（122针）挑针
（1 1行）
（6 12行）
从右裤身 46.5（75针）挑针
腰头（单罗纹针）11号针
从左裤身 46.5（75针）挑针

（12.5个花样）
右裤身（编织花样）调整编织密度
左裤身
（12.5个花样）

图2
（7行）7/0号针
（6行）8/0号针
（7行）9/0号针
（-1个花样）
（13.5个花样）挑针
图1
（13.5个花样）挑针
（-1个花样）
（22 20行）

前中心

右裤腿
（条纹花样）9/0号针
64（17个花样、102针锁针）起针
（2个花样）
（1.5个花样）
（102针）挑针
裤脚（单罗纹针）11号针
（90针）挑针
（边缘编织）7/0号针

左裤腿
（条纹花样）9/0号针
64（17个花样、102针锁针）起针
（1.5个花样）
（2个花样）
（102针）挑针
裤脚（单罗纹针）11号针
（90针）挑针
（边缘编织）7/0号针

10
（9行）
6
（12行）
1
（1行）

※ 除指定以外均用浅灰色+钴蓝色线编织
※ 相同标记处◎、×分别连续编织
※ 分别对齐相同标记△、▲做引拔接合

编织花样

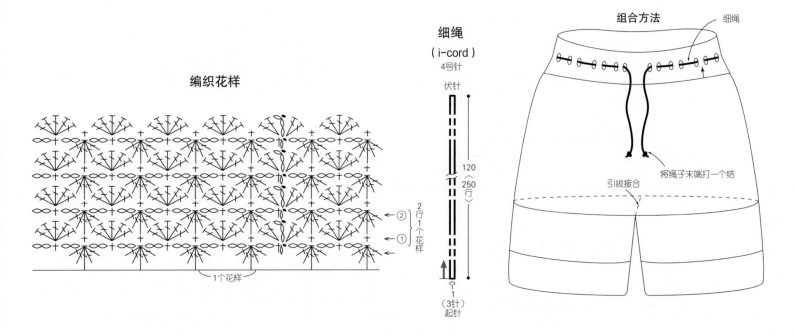

（2行1个花样）
①②
1个花样

细绳
（i-cord）4号针

伏针

120
250行

1（3针）起针

组合方法

细绳
引拔接合
将绳子末端打一个结

图1

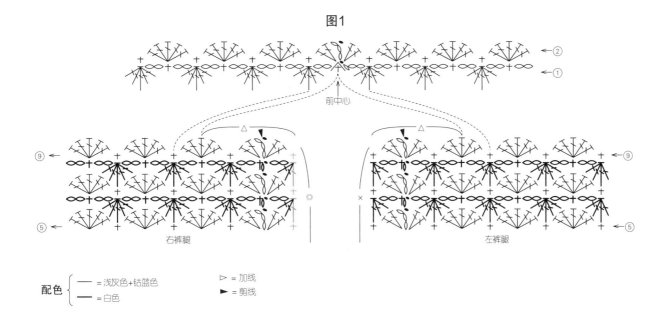

前中心

右裤腿　　　　　　　　　　　　　左裤腿

配色 { — = 浅灰色+钴蓝色
— = 白色 }　　▷ = 加线
　　　　　　　　▶ = 剪线

图2

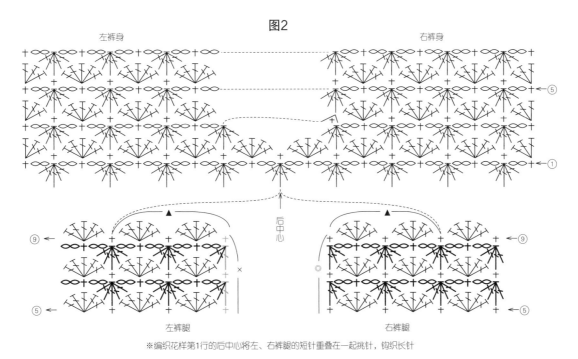

左裤身　　　　　　　　　　　　　右裤身

后中心

左裤腿　　　　　　　　　　　　　右裤腿

※编织花样第1行的后中心将左、右裤腿的短针重叠在一起挑针，钩织长针

腰头的单罗纹针和穿绳位置

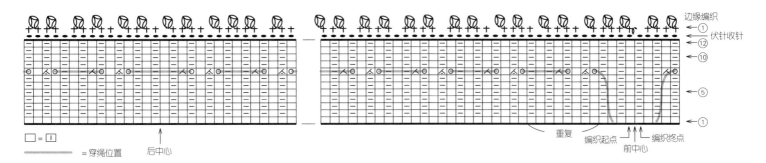

边缘编织
伏针收针

□ = |　　　　　　　　　　　重复
— = 穿绳位置　　后中心　　编织起点　前中心　编织终点

127

A

B

C

**材料**

奥林巴斯 Chapeautte

[A]米色(2)95g/3团

[B]褐色(3)130g/4团

[C]橘色(13)65g/2团，藏青色(5)35g/1团

**工具**

钩针 6/0 号

**成品尺寸**

[A、C]帽围57cm，帽深21cm

[B]帽围57cm，帽深24cm

**编织密度**

10cm×10cm面积内：短针、短针条纹均为

19针，23行

**编织要点**

●A、C…环形起针后开始钩织。A钩织短针，C钩织短针和短针条纹。参照图示加针。

●B…环形起针后开始钩织短针。参照图示加针。帽身完成后，在指定位置锁针起针，接着钩织蝴蝶结和帽檐。钩织扣带，包在蝴蝶结的中心，将编织终点与起点做卷针接合。参照组合方法进行组合。

**40、41**页的作品 ★★

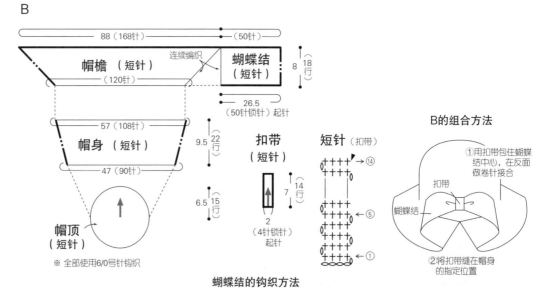

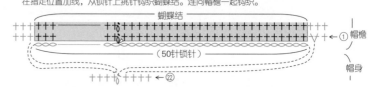

**蝴蝶结的钩织方法**

从帽身的引拔针接着钩50针锁针，在同一个针目里引拔后，将线剪断。
在指定位置加线，从锁针上挑针钩织蝴蝶结。连同帽檐一起钩织。

▷ = 加线

► = 剪线

**帽子的钩织方法（B）**

= 蝴蝶结的钩织位置

※帽顶与帽身的钩织方法与A、C相同

**帽檐的加针**

| 行数 | 针数 | |
|---|---|---|
| 18行 | 218针 | |
| 17行 | 218针 | （+6针） |
| 16行 | 212针 | |
| 15行 | 212针 | （+6针） |
| 14行 | 206针 | |
| 13行 | 206针 | （+6针） |
| 12行 | 200针 | |
| 11行 | 200针 | （+6针） |
| 10行 | 194针 | |
| 9行 | 194针 | （+6针） |
| 8行 | 188针 | |
| 7行 | 188针 | （+6针） |
| 6行 | 182针 | |
| 5行 | 182针 | （+6针） |
| 4行 | 176针 | |
| 3行 | 176针 | （+6针） |
| 2行 | 170针 | |
| 1行 | 170针 | （+62针） |

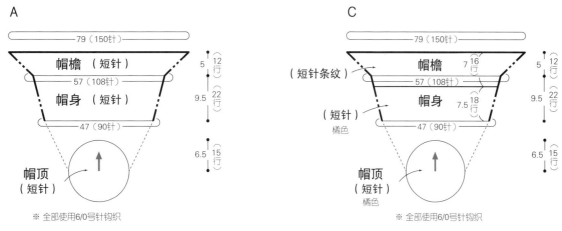

**A**

79（150针）

帽檐 （短针）

57（108针）

帽身 （短针）

47（90针）

5 / 12行

9.5 / 22行

6.5 / 15行

帽顶
（短针）

※ 全部使用6/0号针钩织

**C**

79（150针）

（短针条纹） 7 / 16行

帽檐

57（108针）

（短针） 7.5 / 18行
橘色

帽身

47（90针）

5 / 12行

9.5 / 22行

6.5 / 15行

帽顶
（短针）
橘色

※ 全部使用6/0号针钩织

帽子的钩织方法（A、C）

重复

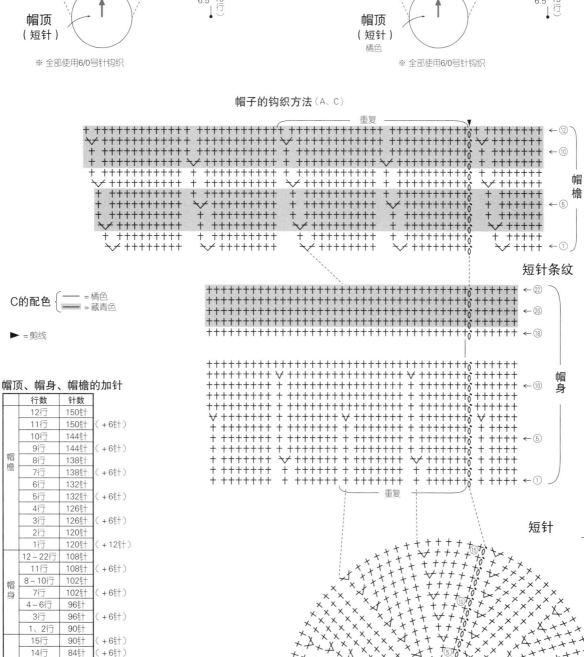

帽檐

←⑫

←⑩

←⑤

←①

短针条纹

C的配色 {　━━ =橘色　▧ =藏青色

► =剪线

←㉒

←⑳

←⑱

帽身

←⑩

←⑤

←①

重复

**帽顶、帽身、帽檐的加针**

| | 行数 | 针数 | |
|---|---|---|---|
| 帽檐 | 12行 | 150针 | |
| | 11行 | 150针 | （+6针） |
| | 10行 | 144针 | |
| | 9行 | 144针 | （+6针） |
| | 8行 | 138针 | |
| | 7行 | 138针 | （+6针） |
| | 6行 | 132针 | |
| | 5行 | 132针 | （+6针） |
| | 4行 | 126针 | |
| | 3行 | 126针 | （+6针） |
| | 2行 | 120针 | |
| | 1行 | 120针 | （+12针） |
| 帽身 | 12~22行 | 108针 | |
| | 11行 | 108针 | （+6针） |
| | 8~10行 | 102针 | |
| | 7行 | 102针 | （+6针） |
| | 4~6行 | 96针 | |
| | 3行 | 96针 | （+6针） |
| | 1、2行 | 90针 | |
| 帽顶 | 15行 | 90针 | （+6针） |
| | 14行 | 84针 | （+6针） |
| | 13行 | 78针 | （+6针） |
| | 12行 | 72针 | （+6针） |
| | 11行 | 66针 | （+6针） |
| | 10行 | 60针 | （+6针） |
| | 9行 | 54针 | （+6针） |
| | 8行 | 48针 | （+6针） |
| | 7行 | 42针 | （+6针） |
| | 6行 | 36针 | （+6针） |
| | 5行 | 30针 | （+6针） |
| | 4行 | 24针 | （+6针） |
| | 3行 | 18针 | （+6针） |
| | 2行 | 12针 | （+6针） |
| | 1行 | 6针 | |

短针

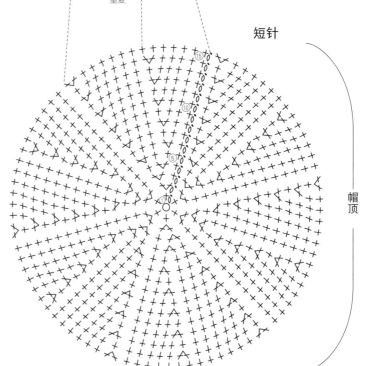

帽顶

A

B

**材料**
奥林巴斯 Chapeautte
[A] 玫红色（4）90g/3团，直径15mm的纽扣1颗
[B] 姜黄色（7）110g/4团，沙米色（23）30g/1团

**工具**
钩针6/0号

**成品尺寸**
[A] 宽28.5cm，深16cm
[B] 宽28.5cm，深21cm

**编织密度**
10cm×10cm面积内：短针19针，23行

**编织要点**
●A…环形起针后开始钩织短针。参照图示加针。接着参照图示往返钩织包盖。提手锁针起针后钩织短针。最后参照组合方法，缝上提手和纽扣。

●B…环形起针后开始钩织短针。参照图示加针。接着按编织花样钩织。提手锁针起针后钩织短针，缝在指定位置。最后钩织2根细绳，穿在编织花样的最后一行，将末端打一个结。

**包盖（A）**
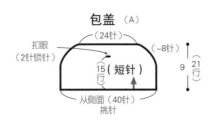
扣眼（2针锁针）
（24针）
（-8针）
15行（短针）
9
21行
从侧面（40针）挑针

**B**
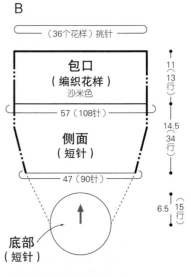
（36个花样）挑针
包口（编织花样）沙米色
11
13行
57（108针）
侧面（短针）
14.5
34行
47（90针）
6.5
15行
底部（短针）
※全部使用6/0号针钩织
※除指定以外均用姜黄色线钩织

**A**
57（108针）
侧面（短针）
9.5
22行
47（90针）
6.5
15行
底部（短针）
※全部使用6/0号针钩织

**A的组合方法**

包盖（反面）
4行
5
将提手缝在外侧
缝上纽扣

**提手（短针）**
A B
45 75
（88行）（156行）
3（6针锁针）起针
※B用姜黄色线钩织

**短针（提手）**
A B
→ 88 156
A B
45 75
（88行）（156行）
→ ⑤
→ ①

▷ = 加线
► = 剪线

**包包的钩织方法（B）**
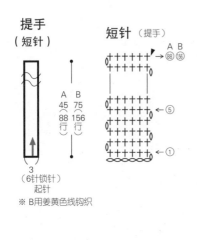
1个花样
→ ⑬
→ ①
→ ③④
→ ③⑩
→ ②⑤
→ ②②
→ ②⑩
包口 编织花样
侧面
━ = 穿细绳位置
※底部与侧面的前22行的钩织方法与A相同

**细绳（锁针）（B）**
沙米色 2根
━ 65（123针）━

**B的组合方法**
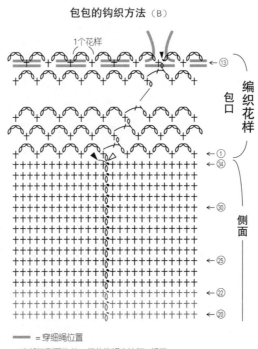
在最后一行穿入2根细绳，在两端各打一个结
4行
将提手缝在外侧

包包的钩织方法（A）

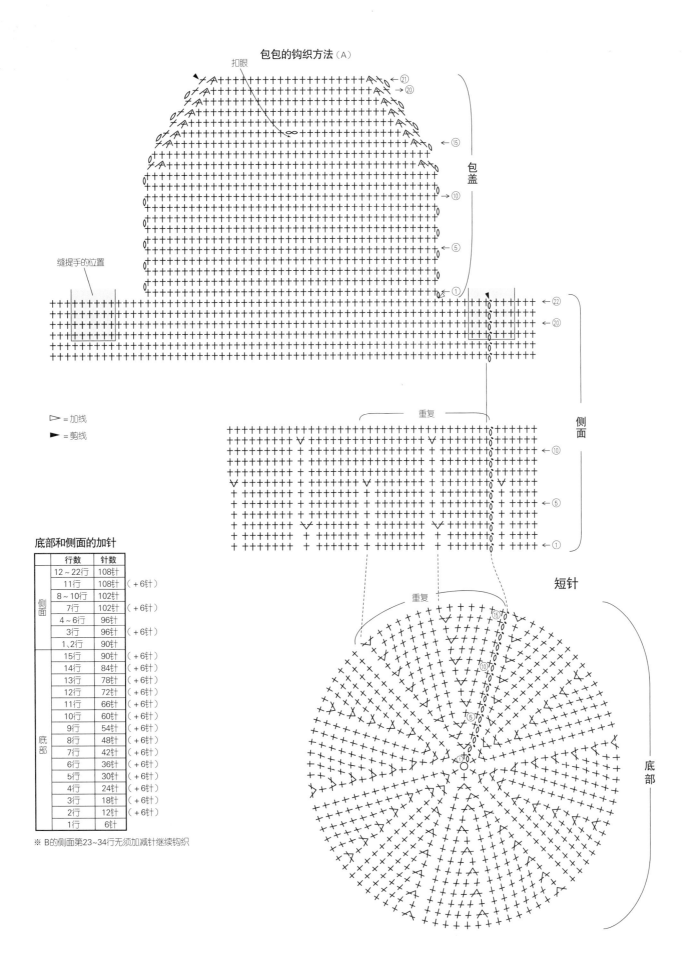

扣眼

缝提手的位置

包盖

侧面

▷ =加线
► =剪线

重复

短针

重复

底部

### 底部和侧面的加针

| | 行数 | 针数 | |
|---|---|---|---|
| 侧面 | 12~22行 | 108针 | |
| | 11行 | 108针 | （+6针） |
| | 8~10行 | 102针 | |
| | 7行 | 102针 | （+6针） |
| | 4~6行 | 96针 | |
| | 3行 | 96针 | （+6针） |
| | 1、2行 | 90针 | |
| 底部 | 15行 | 90针 | （+6针） |
| | 14行 | 84针 | （+6针） |
| | 13行 | 78针 | （+6针） |
| | 12行 | 72针 | （+6针） |
| | 11行 | 66针 | （+6针） |
| | 10行 | 60针 | （+6针） |
| | 9行 | 54针 | （+6针） |
| | 8行 | 48针 | （+6针） |
| | 7行 | 42针 | （+6针） |
| | 6行 | 36针 | （+6针） |
| | 5行 | 30针 | （+6针） |
| | 4行 | 24针 | （+6针） |
| | 3行 | 18针 | （+6针） |
| | 2行 | 12针 | （+6针） |
| | 1行 | 6针 | |

※ B的侧面第23~34行无须加减针继续钩织

**材料**
Saredo RE re Ly 复古白色( 2004L ) 230g/3筒

**工具**
棒针 6 号, 4 号, 钩针 5/0 号

**成品尺寸**
胸围 94cm, 衣长 51.5cm, 连肩袖长 29.5cm

**编织密度**
10cm×10cm 面积内:下针编织 23 针, 31 行;
编织花样 23 针, 32.5 行

**编织要点**
● 身片、育克…身片另线锁针起针, 前、后身片连起来环形编织下针。后身片往返编织 8 行作为前后差。育克从身片和另线锁针起针上挑针, 一边分散减针一边按编织花样编织。接着衣领编织起伏针, 编织终点做上针的伏针收针。下摆解开起针的锁针挑针, 编织起伏针。编织终点与衣领一样收针。
● 组合…袖口从另线锁针解开后的针目、腋下、前后差上挑针, 编织起伏针。编织终点与衣领一样收针。最后在育克上挑针钩织褶边。

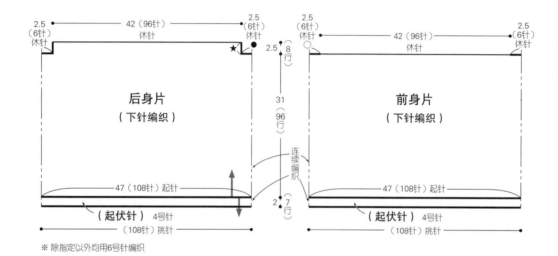

※ 除指定以外均用 6 号针编织

### 编织花样和育克的分散减针

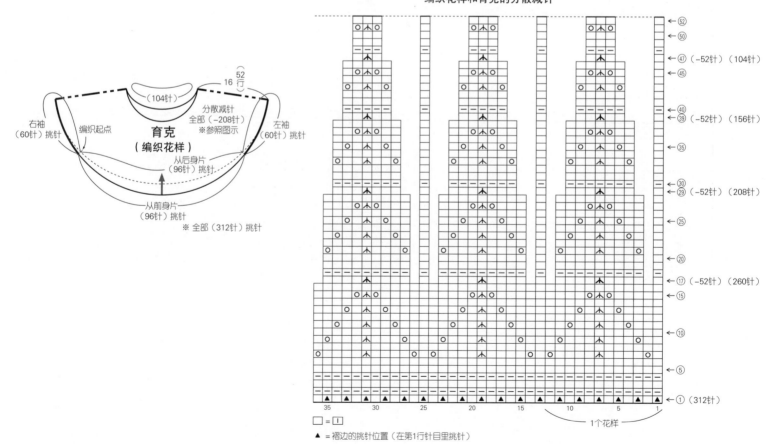

□ = |

▲ = 褶边的挑针位置 (在第 1 行针目里挑针)

衣领（起伏针）4号针

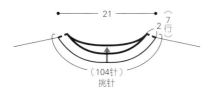

起伏针（衣领、下摆）

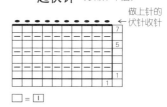

做上针的
伏针收针

□ = Ⅰ

袖口（起伏针）4号针

※ 对齐标记适用于右袖口

起伏针（袖口）

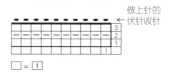

做上针的
伏针收针

□ = Ⅰ

褶边（边缘编织）5/0号针

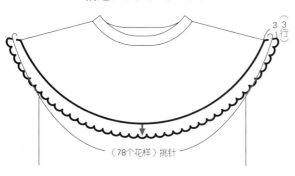

边缘编织

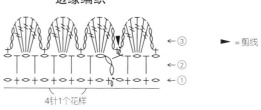

► = 剪线

4针1个花样

边缘编织的挑针方法

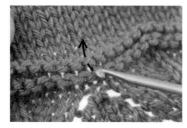

1 将衣领侧朝向自己拿好织物，如箭
头所示在编织花样的第 1 行插入钩
针。

2 加线钩1针短针。接着钩1针锁针。

3 重复"1针短针、1针锁针"，钩织褶边
的第1行。

**材料**

FEZA Alp Natural 蓝色系混染（720）95g/1
桄；Alp Dazzle 蓝色和黑色系混染（511）
90g/1 桄

**工具**

棒针15号

**成品尺寸**

宽40cm，长131cm

**编织密度**

10cm×10cm面积内：条纹花样19针，14
行

**编织要点**

●手指挂线起针后，按起伏针、起伏针条纹、
条纹花样编织。编织终点做伏针收针。

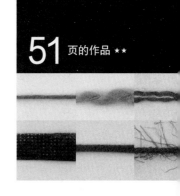

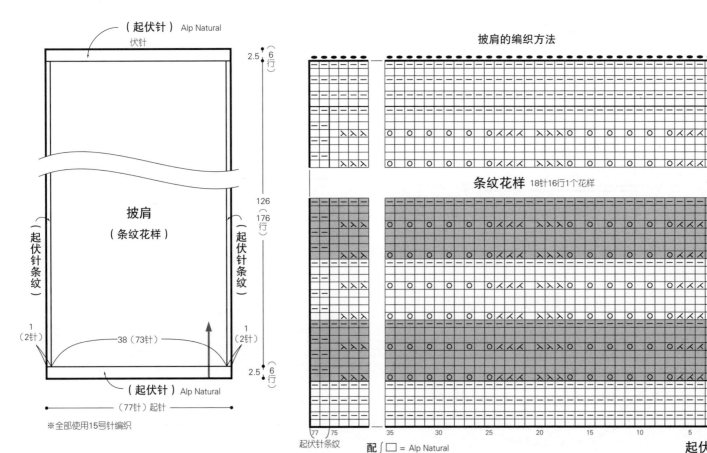

（起伏针）Alp Natural
伏针

2.5（6行）

披肩
（条纹花样）

（起伏针条纹）

（起伏针条纹）

126（176行）

1（2针）

1（2针）

38（73针）

2.5（6行）

（起伏针）Alp Natural

（77针）起针

※全部使用15号针编织

**披肩的编织方法**

伏针收针
⑥
⑤
起伏针
①
176
175
170

**条纹花样** 18针16行1个花样
⑳
⑮
⑩
⑤
①
⑥
⑤
起伏针
①

77 75

起伏针条纹

35 30 25 20 15 10 5 1

起伏针条纹

配色：
□ = Alp Natural
▨ = Alp Dazzle

□ = Ｉ

**短针的条纹针**
（环形编织的情况）

十

1 立织1针锁针，在前一行
的后面半针里插入钩针，
钩织短针。

2 下一针也在后面半针里插
入钩针钩织。

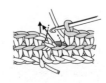

3 钩织一圈后，在第1针短
针头部的2根线里引拔。

4 立织1针锁针，按前一行
的要领继续钩织。

**材料**

Joint Air Tulle 翠蓝色（517）150g/1团，口金用链条40cm（JTM-C517 银色）1条，带金属珠头的穿杆口金 23cm×10cm（JTM-B107S 银色）1个

**工具**

钩针 8mm

**成品尺寸**

宽29cm，深17.5cm

**编织密度**

10cm×10cm面积内：编织花样 10针，8行

**编织要点**

● 锁针起针后，按编织花样钩织底部，参照图示加针。接着按编织花样环形钩织侧面。包口钩织边缘。在包口安装口金。最后将穿好线的链条装在口金上。

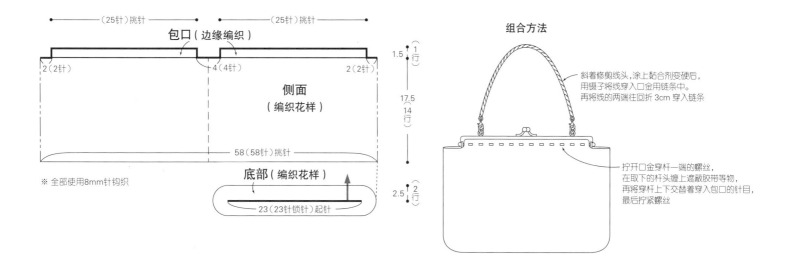

※ 全部使用8mm针钩织

组合方法

斜着修剪线头，涂上黏合剂变硬后，用镊子将线穿入口金用链条中。再将线的两端往回折3cm穿入链条

拧开口金穿杆一端的螺丝，在取下的杆头缠上遮蔽胶带等物，再将穿杆上下交替着穿入包口的针目，最后拧紧螺丝

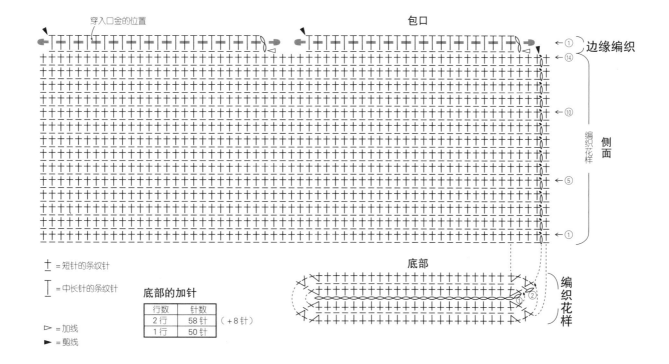

┼ = 短针的条纹针

I = 中长针的条纹针

▷ = 加线

► = 剪线

**底部的加针**

| 行数 | 针数 | |
|---|---|---|
| 2行 | 58针 | （+8针） |
| 1行 | 50针 | |

**材料**
Joint Air Tulle 紫色(113)、淡黄绿色(191)、杏黄色(193)各150g/各1团

**工具**
钩针8mm

**成品尺寸**
宽42cm,深27cm

**编织密度**
10cm×10cm面积内:短针8针,8.5行;
条纹花样9.5针,8行

**编织要点**
●底部环形起针后钩织短针,参照图示加针。接着侧面环形钩织条纹花样。口袋锁针起针后钩织短针。提手钩织虾辫,在中间部分包住虾辫钩织短针。参照组合方法,缝上口袋和提手。

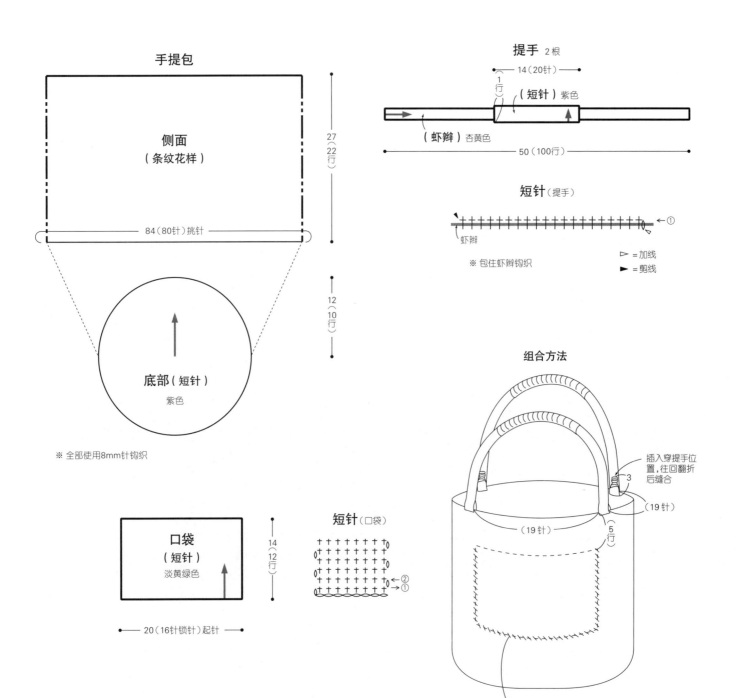

**手提包**

侧面
(条纹花样)

27(22行)

84(80针)挑针

12(10行)

底部(短针)
紫色

※全部使用8mm针钩织

口袋
(短针)
淡黄绿色

14(12行)

20(16针锁针)起针

**提手** 2根

14(20针)
1行

(短针)紫色

(虾辫)杏黄色

50(100行)

**短针**(提手)

虾辫

①

※包住虾辫钩织

▷ =加线
► =剪线

**短针**(口袋)

②
①

**组合方法**

插入穿提手位置,往回翻折后缝合
3
(19针)
(19针)
5行

用斜针缝将口袋缝在包包的内侧

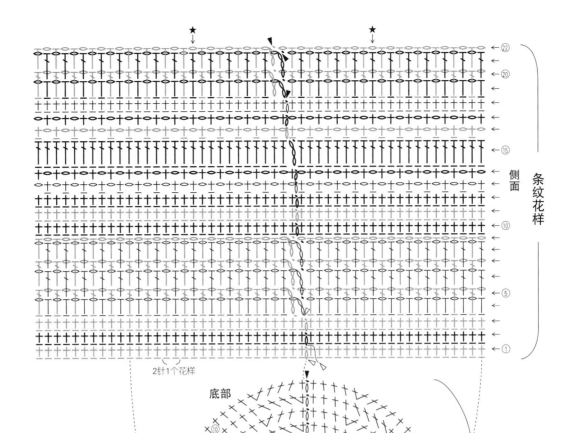

条纹花样

侧面

2针1个花样

底部

短针

▷ = 加线
► = 剪线
★ = 穿提手位置
（穿入最后一行锁针的下方空隙）

配色 ｛ ── = 紫色
　　　 ── = 杏黄色
　　　 ── = 淡黄绿色

╪ = 短针的条纹针

Ｔ = 中长针的条纹针

Ｆ = 长针的条纹针

※第5~9行、第20~22行包住前一行的锁针钩织
※第10、15、18行，前一行是锁针时分开锁针的针目挑针

底部的加针

| 行数 | 针数 | |
|---|---|---|
| 10行 | 80针 | （+8针） |
| 9行 | 72针 | （+8针） |
| 8行 | 64针 | （+8针） |
| 7行 | 56针 | （+8针） |
| 6行 | 48针 | （+8针） |
| 5行 | 40针 | （+8针） |
| 4行 | 32针 | （+8针） |
| 3行 | 24针 | （+8针） |
| 2行 | 16针 | （+8针） |
| 1行 | 8针 | |

虾辫

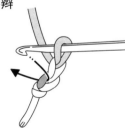

1 钩2针锁针，在第1针的半针里插入钩针，将线拉出。

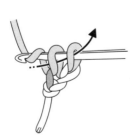

2 针头挂线，引拔穿过2个线圈。

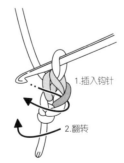

1.插入钩针
2.翻转

3 在步骤1中第2针锁针的半针里插入钩针，向左翻转织物。

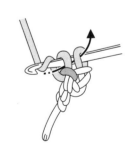

4 针头挂线后拉出，接着引拔穿过针上的2个线圈（短针）。

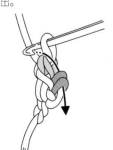

5 在2个线圈里插入钩针。

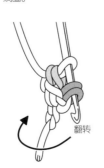

6 插入钩针的状态下向左翻转织物。

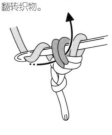

翻转

7 针头挂线后拉出，接着引拔穿过针上的2个线圈（短针）。

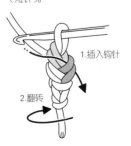

1.插入钩针
2.翻转

8 重复"在2个线圈里插入钩针，向左翻转织物，钩织短针"。

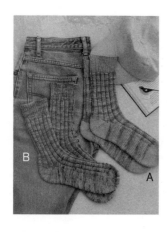

**材料**

和麻纳卡 itoa 手染坯线 中细棉线 白色( 1 )

[A] 段染 45g、纯色 20g, 共 65g/1 桄

[B] 段染 65g/1 桄

**工具**

棒针 1 号, 钩针 2/0 号( 起针 )

**成品尺寸**

袜底长 22.5cm, 袜高 21.5cm

**编织密度**

10cm×10cm 面积内：下针编织 32 针, 46 行；
编织花样 35 针, 46 行

**编织要点**

●共线锁针起针, 分别从两侧挑取半针开始编织。袜头一边加针一边做下针编织。接着, 袜底做下针编织, 袜面做编织花样, 连起来环形编织。袜跟参照图示往返编织。接着从袜跟和袜面的休针处挑针, 按编织花样和单罗纹针继续环形编织。编织终点做下针织下针、上针织上针的伏针收针。

B

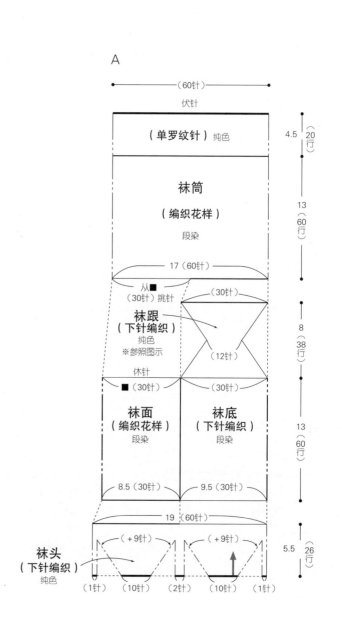

（60针）

伏针

（单罗纹针）

4.5
20
（行）

袜筒

（编织花样）

13
60
（行）

17（60针）

从■
（30针）挑针　　　（30针）

袜跟
（下针编织）
※参照图示　　　（12针）

8
38
（行）

休针

■（30针）　　（30针）

袜面
（编织花样）　　袜底
（下针编织）

13
60
（行）

8.5（30针）　　9.5（30针）

19（60针）

（+9针）　　（+9针）

5.5
26
（行）

袜头
（下针编织）

（1针）　（10针）　（2针）　（10针）　（1针）

A

（60针）

伏针

（单罗纹针）纯色

4.5
20
（行）

袜筒

（编织花样）

段染

13
60
（行）

17（60针）

从■
（30针）挑针　　　（30针）

袜跟
（下针编织）
纯色
※参照图示　　　（12针）

8
38
（行）

休针

■（30针）　　（30针）

袜面
（编织花样）　　袜底
（下针编织）

段染　　　段染

13
60
（行）

8.5（30针）　　9.5（30针）

19（60针）

（+9针）　　（+9针）

5.5
26
（行）

袜头
（下针编织）

纯色

（1针）　（10针）　（2针）　（10针）　（1针）

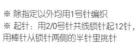

※ 除指定以外均用1号针编织
※ 起针：用2/0号针共线锁针起12针,
用棒针从锁针两侧的半针里挑针

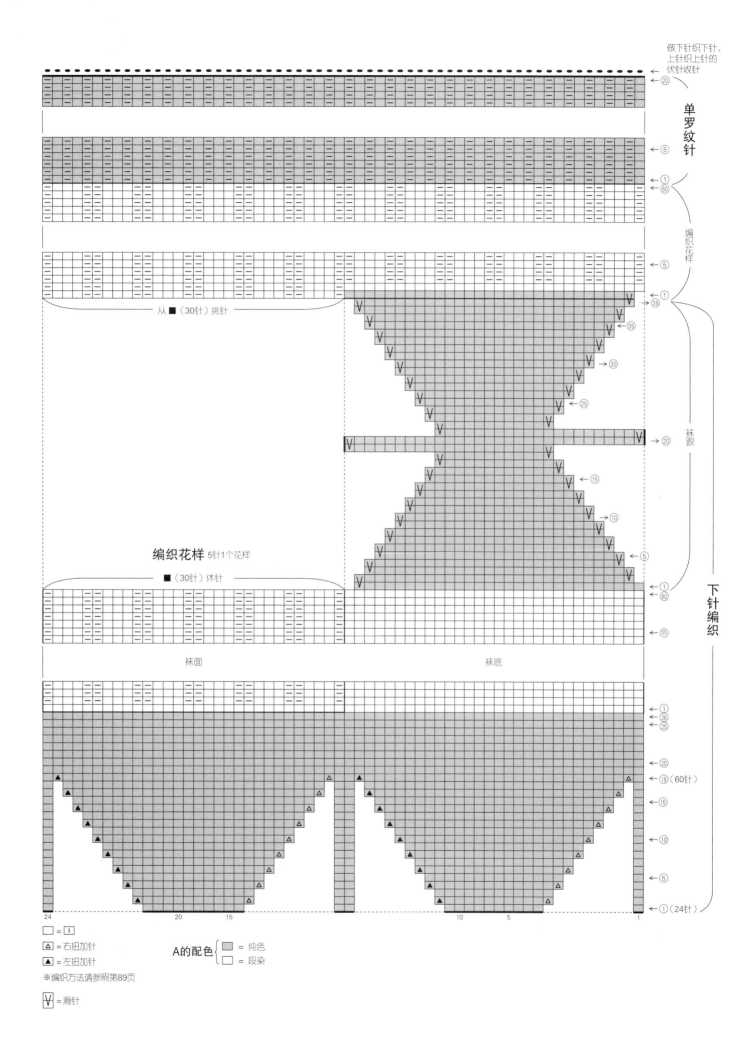

做下针织下针、
上针织上针的
伏针收针

←⑳

单罗纹针

←⑤

←①
←60

编织花样

←⑤

从 ■（30针）挑针

→①
38

→⑳

袜跟

编织花样 5针1个花样

■（30针）休针

←15

←10

←⑤

←①
60

←55

下针编织

袜面

袜底

←①
←26
←25

←⑳

←18（60针）

←15

←10

←⑤

←①（24针）

24 　20 　15 　　　　　10 　5 　1

□ = □

△ = 右扭加针

▲ = 左扭加针

A的配色 { □ = 纯色 / □ = 段染

※编织方法请参照第89页

V = 滑针

139

**材料**

芭贝 Shetland 米白色（8）155g/4团，
12mm×25mm的纽扣 5颗，30cm×30cm
的枕芯 1个

**工具**

棒针4号

**成品尺寸**

30cm×30cm

**编织密度**

10cm×10cm面积内：编织花样A 25.5针，
41行

**编织要点**

●参照第141页，用葡萄牙式起针法起针后
开始编织。按编织花样A环形编织，每行的
第1针与最后1针都编织下针。编织终点做
休针处理。翻盖挑取指定数量的针目，上侧
按起伏针、下侧按编织花样B往返编织。在
上侧留出扣眼。底部正面朝内重叠做引拔接
合。最后缝上纽扣。

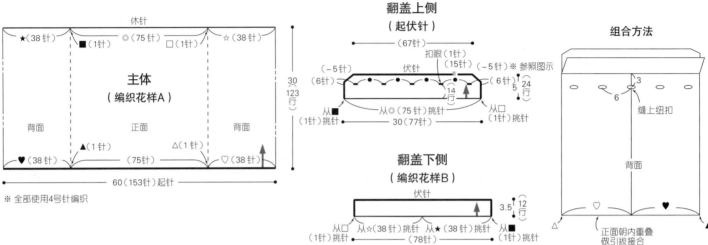

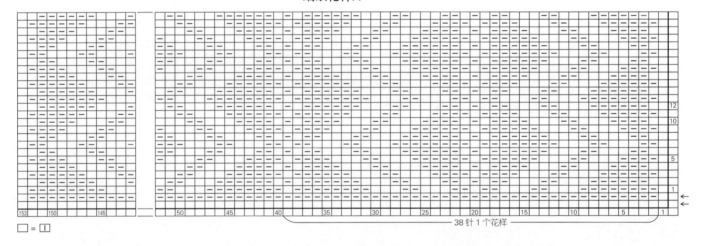

编织花样A

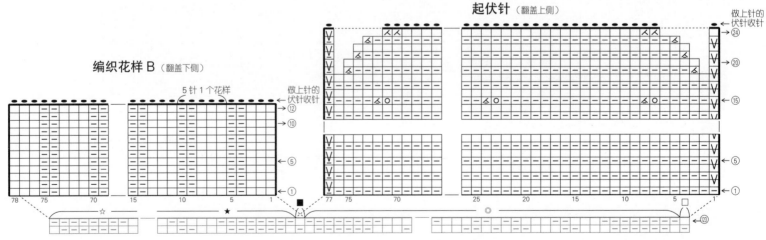

□ = Ⅰ

Ⅴ =滑针

Ⅴ =上针的滑针

## 葡萄牙式起针法

1 将线挂在颈部（或者别针上）。

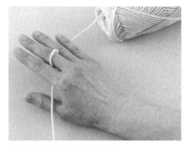

2 将线挂在右手的中指上。

3 留出大约3倍于想要编织宽度的线头，将线从前往后挂在食指上。在线环中插入棒针。

4 用拇指将线团侧的线挂在针头，将线拉出。

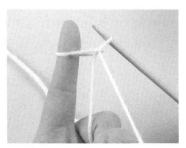

5 拉出线后的状态。

6 退出手指，拉紧针目。1针完成。

7 下一针也用相同方法将线挂在食指上，插入棒针。

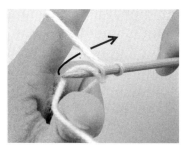

8 用拇指将线团侧的线从前往后挂在针头，将线拉出。

9 2针起针完成。

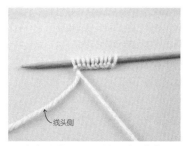

10 起好的针目呈现一排上针的状态。

## 使用带钩子的针编织上针的方法

1 在针绳的两端分别装上拆卸式阿富汗针和棒针。使用相同方法挂线及起针。

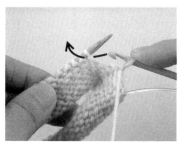

2 如箭头所示插入针头。

3 用左手的拇指将线从前往后挂在针头。

4 将线拉出。因为针头是钩子，很容易拉出线。

5 从左棒针上取下针目，上针完成。

**材料**
钻石线 Diacielo 米色( 103 ) 205g/7 团
**工具**
棒针5号、3号
**成品尺寸**
胸围96cm, 衣长65cm, 连肩袖长32cm
**编织密度**
10cm×10cm面积内:下针编织27针,35行;
编织花样A 31针, 35行
**编织要点**
●身片、育克…身片另线锁针起针,按编织花样A将前、后身片连起来环形编织。参照图示分散减针。接着一边做加针的引返编织一边做下针编织。胁部的减针参照图示。后身片往返编织10行作为前后差。育克从身片和另线锁针起针上挑针,按编织花样B、C环形编织。加针和分散减针参照图示。接着按编织花样B、D编织衣领。编织终点做扭针的单罗纹针收针。
●组合…下摆解开起针的锁针挑针,环形编织起伏针。编织终点松松地做上针的伏针收针。袖口从另线锁针解开后的针目以及标记处挑针,按编织花样D环形编织。编织终点与衣领一样收针。

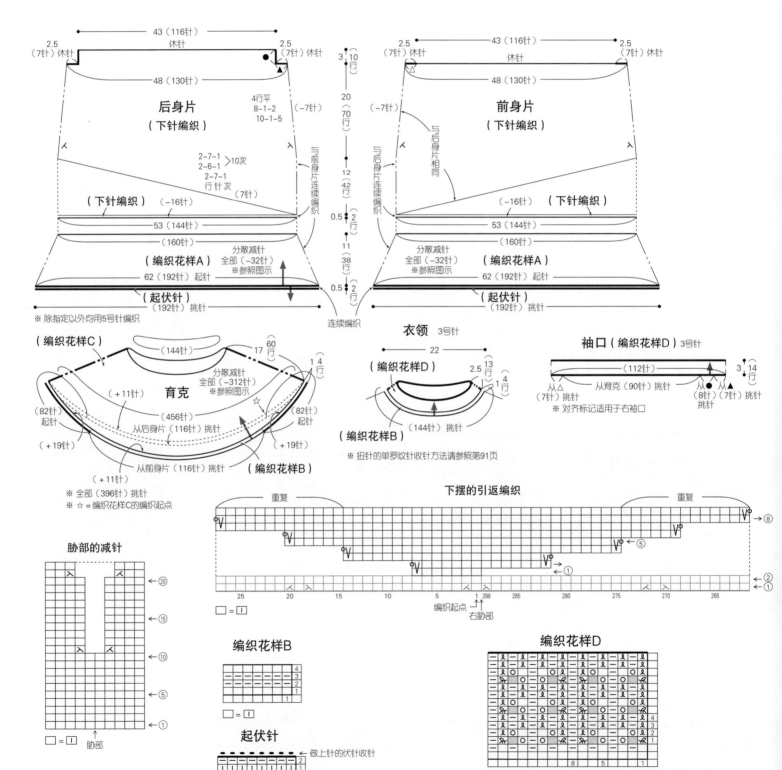

編织花样A和分散减针

下针编织

① （－32针）（288针）
← 38
← 37
← 35
← 30
← 25
← 20
← 15 （－64针）（320针）
← 10
← 5
← ① （384针）

右胁部

24　20　　15　　　10　　　5　　　1

重复

编织起点

□ = ☐
▨ = 无针目处

## ⊙⊼－⊼⊙ 的编织方法

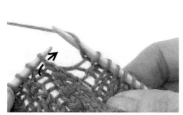
1 编织挂针。如箭头所示在第1针里插入棒针，不编织直接移至右棒针上。

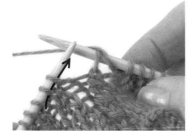
2 如箭头所示在后面2针里插入棒针，一起编织。

3 在刚才移至右棒针上的针目里插入左棒针，将其覆盖在已织针目上。

4 编织1针上针。如箭头所示依次在后面2针里插入棒针，移至右棒针上。

5 如箭头所示在刚才移过来的2针里插入棒针，将其移回左棒针上。

6 如箭头所示在移回的2针以及后面的针目里插入棒针，在3针里一起编织。

7 编织后的状态。左上3针并1针也是中间的针目位于最后侧。接着编织挂针。

## 下滑3行的泡泡针

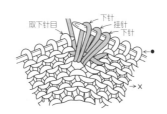
1 如箭头所示在前面第3行（×）的针目里插入右棒针，编织下针，拉出一定高度。

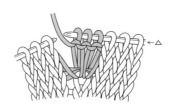
2 接着挂针，在同一个针目里插入棒针编织下针，取下左棒针上的针目解开。

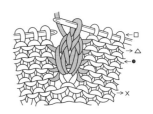
3 下一行从反面照常编织上针。

4 □行在这3针里编织中上3针并1针，完成。

编织花样C和分散减针（左袖育克）

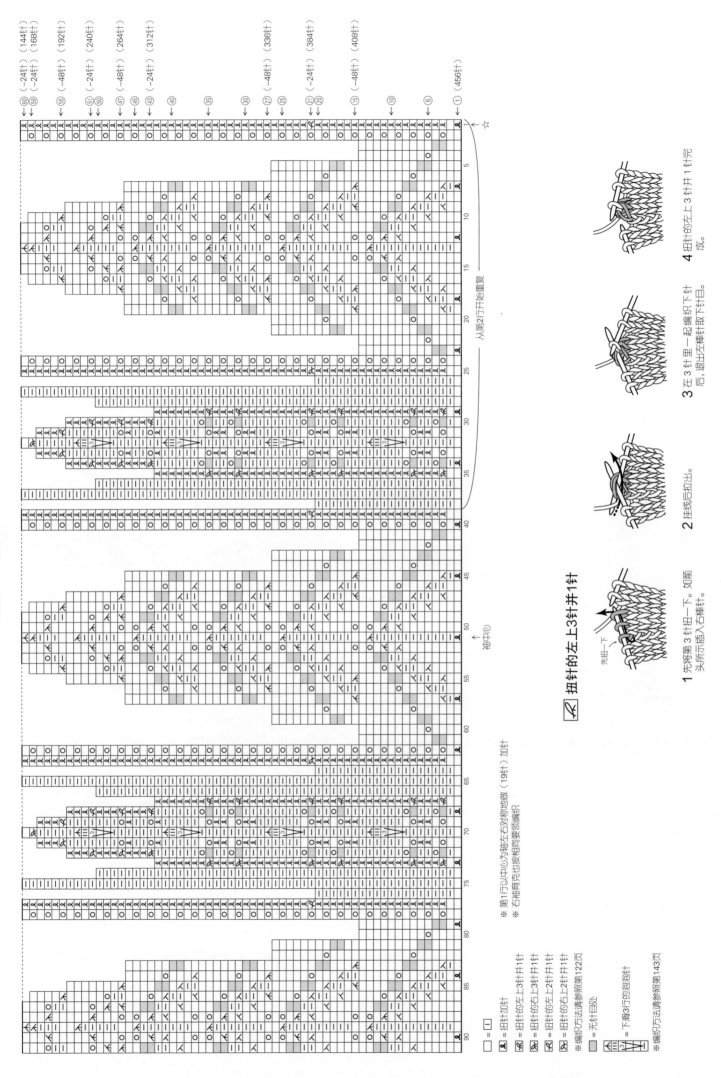

编织花样C和分散减针（前育克）

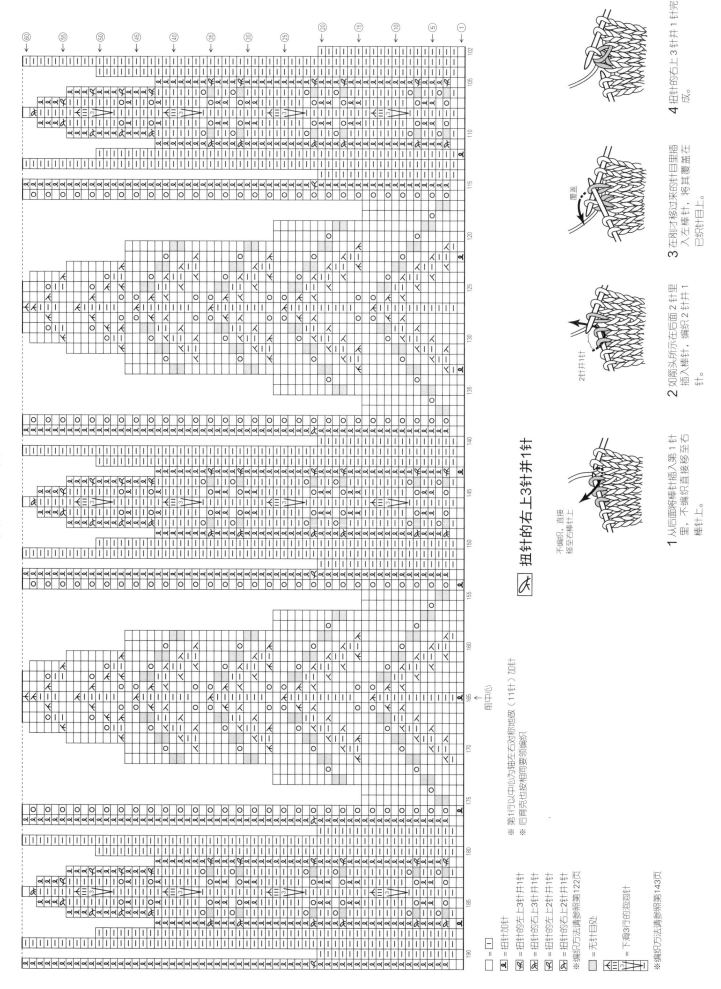

⑥ ⑤ ⑤ ⑤ ⑤ ④ ③ ③ ② ② ① ①

前中心

※ 第1行以中心为地左右对称的地纹（11针）加针
※ 言育克也按相同要领编织
※ 言育克也按相同要领编织

□ = □ = □
☒ = 扭针加针
☒ = 扭针的左上3针并1针
☒ = 扭针的右上3针并1针
☒ = 扭针的左上2针并1针
☒ = 扭针的右上2针并1针
※ 编织方法请参照第122页
□ = 无针目处
■ =
卅 = 下滑3行的泡泡针
※ 编织方法请参照第143页

☒ 扭针的右上3针并1针

不编织，直接
移至右棒针上

1 从后面将络棒针插入第1针
里，不编织直接移至右
棒针上。

2 如箭头所示在后面2针里
插入右棒针，编织2针并1
针。

3 在刚才移过来的针目里挂
入左棒针，将其覆盖在
已织针目上。

4 扭针的右上3针并1针完
成。

145

**材料**

K's K CANOLAA 蓝色(158) 115g/3 团,黄色(105) 55g/2 团;FETTUCCINE<MULTI> 黄色、绿色和紫色系段染(104) 55g/2 团,灰色、褐色和黑色系段染(112) 40g/1 团;FETTUCCINE 炭灰色(001) 30g/1 团;DMC25 号刺绣线(金属线 Light Effects)银色(E168)、水蓝色(E334)、黄绿色(E703)、白色(E5200)各1束;直径13mm的纽扣 8 颗;直径8mm的子母扣1组

**工具**

棒针6号、4号,钩针4/0号

**成品尺寸**

胸围110cm,肩宽48cm,衣长49cm,袖长22cm

**编织密度**

10cm×10cm面积内:条纹花样19.5针,27行

**编织要点**

●身片、衣袖…另线锁针起针,按条纹花样编织。减2针及以上时做伏针减针,减1针时立起侧边1针减针。加针是在1针内侧做扭针加针。下摆、袖口解开起针的锁针挑针,编织双罗纹针。编织终点做双罗纹针收针。

●组合…肩部做盖针接合,胁部、袖下做挑针缝合。前门襟、衣领挑取指定数量的针目后编织双罗纹针。在右前门襟留出扣眼。编织终点与下摆一样收针。钩织花片,参照图示缝在身片上。衣袖与身片之间做引拔接合。最后缝上纽扣和子母扣。

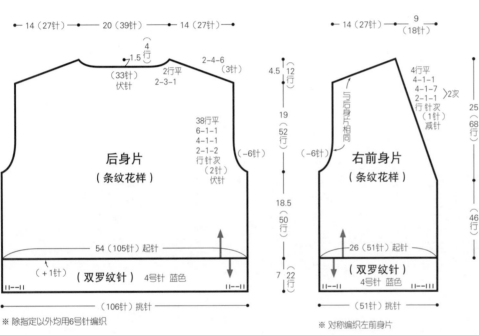

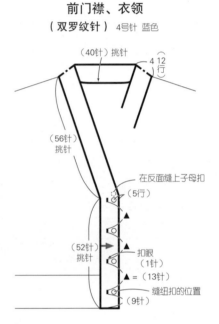

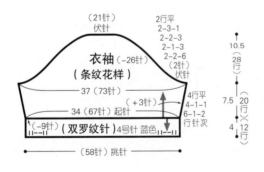

**双罗纹针**

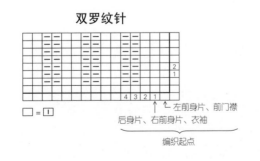

**条纹花样**

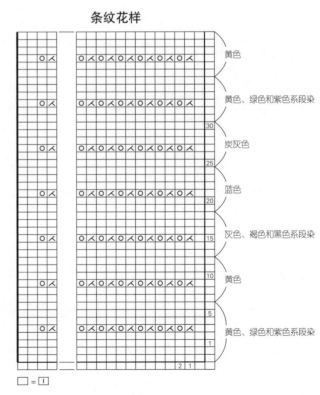

扣眼（右前门襟）　　　● =缝纽扣的位置

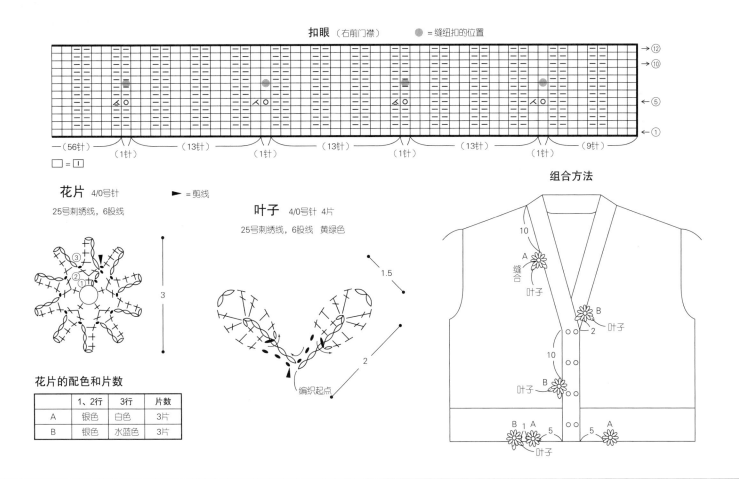

花片 4/0号针　　　► =剪线

25号刺绣线，6股线

叶子 4/0号针 4片

25号刺绣线，6股线 黄绿色

组合方法

花片的配色和片数

|  | 1、2行 | 3行 | 片数 |
|---|---|---|---|
| A | 银色 | 白色 | 3片 |
| B | 银色 | 水蓝色 | 3片 |

□ = [1]

接第 150 页

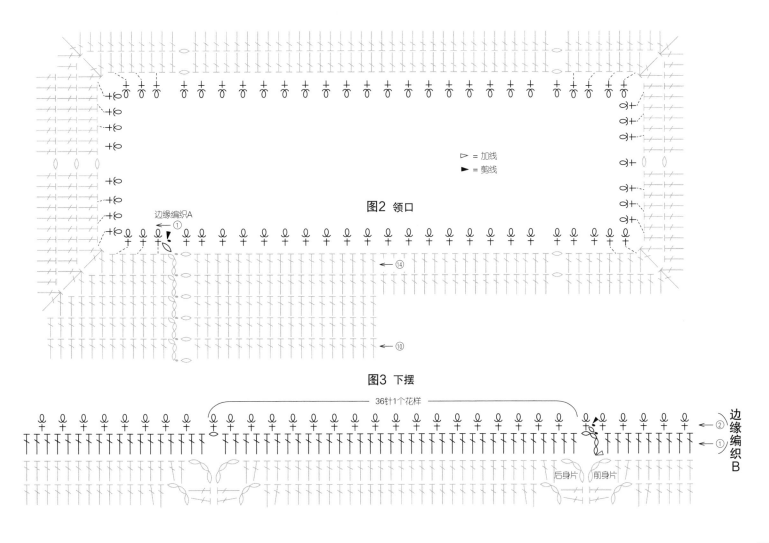

▷ = 加线

► = 剪线

图2 领口

图3 下摆

**材料**

K's K CAPPELLINI 黑色( 7 ) 350g/7 团，藏青色( 3 ) 35g/1 团；FETTUCCINE<MULTI>绿色、水蓝色和橘色系段染( 105 ) 50g/2 团

**工具**

钩针 4/0 号

**成品尺寸**

胸围 90cm，衣长 46.5cm，连肩袖长 53cm

**编织密度**

花片的边长为 15cm

10cm×10cm 面积内：编织花样 23 针，12 行

**编织要点**

●身片、衣袖…钩织指定片数的花片，然后做半针的卷针接合。育克从花片上挑取指定数量的针目，按编织花样环形钩织。接着在领口按边缘编织 A 钩织，注意扭短针要拉长根部以免针目钩得太紧。

●组合…挑取指定数量的针目，下摆按边缘编织 B、袖口按边缘编织 A 环形钩织。

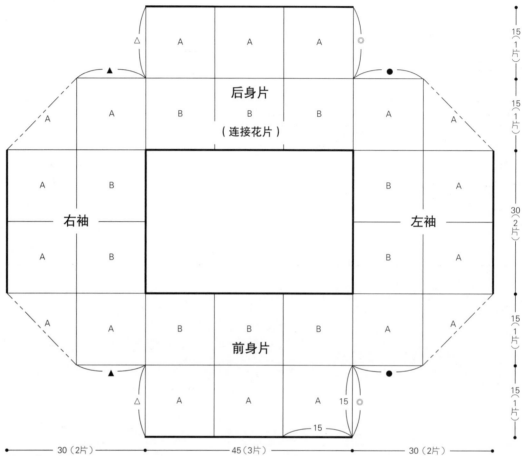

后身片
（连接花片）

右袖

左袖

前身片

15（1片）
15（1片）
30（2片）
15（1片）
15（1片）

30（2片）   45（3片）   30（2片）

※ 全部使用4/0号针钩织
※ 除指定以外均用黑色线钩织
※ 对齐花片以及相同标记（◎、●、△、▲）用黑色线做半针的卷针接合

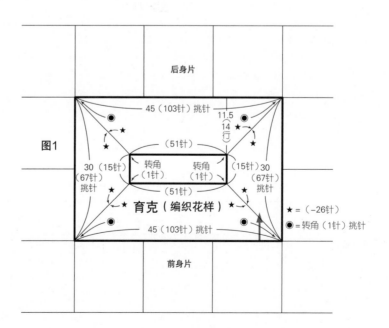

图1

后身片

45（103针）挑针   11.5 14行

（51针）

30（15针）（67针）挑针

转角（1针）   转角（1针）

（15针）30（67针）挑针

（51针）

育克（编织花样）

45（103针）挑针

前身片

★ =（-26针）
◉ =转角（1针）挑针

## 花片

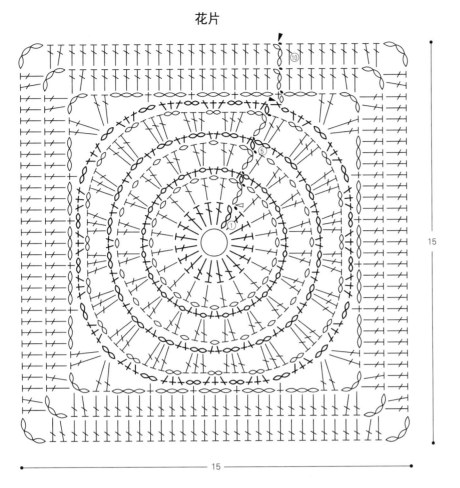

15

15

### 花片的配色

| | 1行 | 2行 | 3行 | 4行 | 5行 | 6行 | 7行 | 8~10行 | 片数 |
|---|---|---|---|---|---|---|---|---|---|
| A | 段染 | 黑色 | 段染 | 黑色 | 段染 | 黑色 | 段染 | 黑色 | 16片 |
| B | 藏青色 | 黑色 | 藏青色 | 黑色 | 藏青色 | 黑色 | 藏青色 | 黑色 | 10片 |

## 图4 袖口

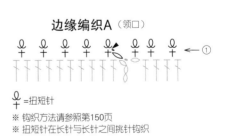

边缘编织A

▷ = 加线
► = 剪线

## 领口 （边缘编织A）

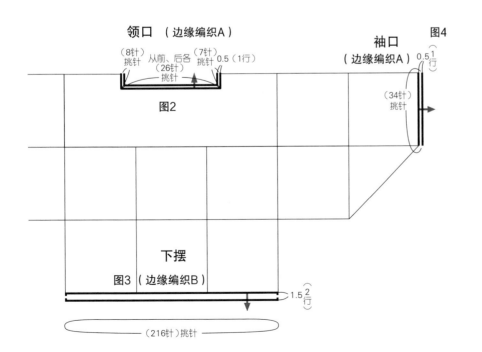

（8针）挑针　从前、后各（26针）挑针　（7针）挑针　0.5（1行）

图2

袖口（边缘编织A）　0.5 ⟨1行⟩

（34针）挑针

图4

下摆

图3 （边缘编织B）　1.5 ⟨2行⟩

（216针）挑针

## 边缘编织A（领口）

⟵①

℧ =扭短针

※ 钩织方法请参照第150页
※ 扭短针在长针与长针之间挑针钩织

149

图1 育克 编织花样

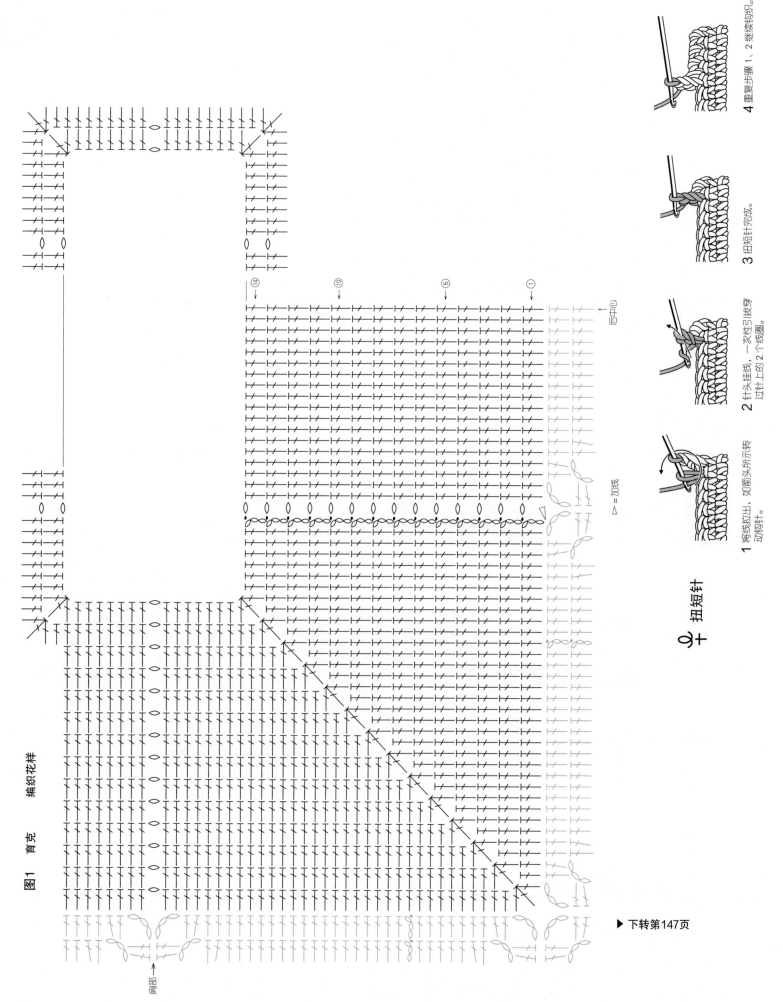

⑭ ⑩ ⑤ ①

后中心

▷ = 加线

肩部 →

扭短针

1 将线扣出，如前头所示转动钩针。

2 针头挂线，一次性引拨穿过针上的 2 个线圈。

3 扭短针完成。

4 重复步骤 1、2，继续钩织。

▶ 下转第147页

**材料**

Rich More Barcelona 黄绿色系混染(2)
235g/6团

**工具**

编织机 Amimumemo(6.5mm)

**成品尺寸**

胸围96cm，衣长50.5cm，连肩袖长28cm

**编织密度**

10cm×10cm面积内：下针编织，编织花样A、B、C均为18.5针，21.5行

**编织要点**

●身片…单罗纹针起针后开始编织。后身片做单罗纹针和下针编织，前身片做单罗纹针、下针编织和编织花样A、B、C。花样的编织方法参照第66页。后身片的编织终点分成肩部和领口，分别编织几行另色线后从编织机上取下。在前领窝减针。

●组合…衣领、袖口按身片的要领起针后编织单罗纹针。右肩做机器缝合。衣领与身片之间也做机器缝合。再将左肩做机器缝合。袖口和衣领一样，与身片缝合。胁部、衣领侧边、袖口下端做挑针缝合。

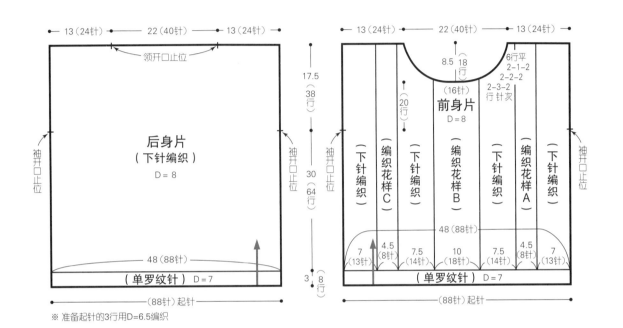

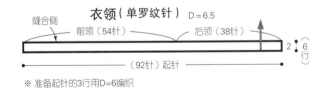

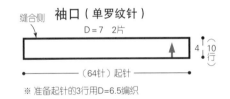

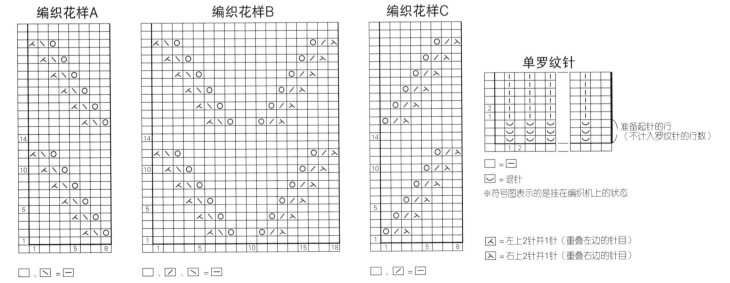

151

**材料**

钻石线 Diacosta Nuova 浅蓝色和浅紫色系
段染（721）220g/6团

**工具**

编织机 Amimumemo（6.5mm），钩针4/0
号

**成品尺寸**

胸围96cm，肩宽40cm，衣长53.5cm，袖
长24.5cm

**编织密度**

10cm×10cm面积内：编织花样B、D均为
21针，28行

**编织要点**

●身片、衣袖…另色线起针后开始编织。身
片按编织花样A、B编织，衣袖按编织花样
C、D编织。花样的编织方法参照第66页。
在袖隆、前领窝、袖山减针，在袖下加针。
后身片的编织终点分成肩部和领口，分别编织
几行另色线后从编织机上取下。

●组合…衣领按身片的要领起针，按编织花
样E编织。右肩做机器缝合。衣领与身片
之间也做机器缝合。再将左肩做机器缝合。
胁部、袖下、衣领侧边做挑针缝合。下摆、
袖口环形钩织边缘。衣袖与身片之间做引拔
接合。

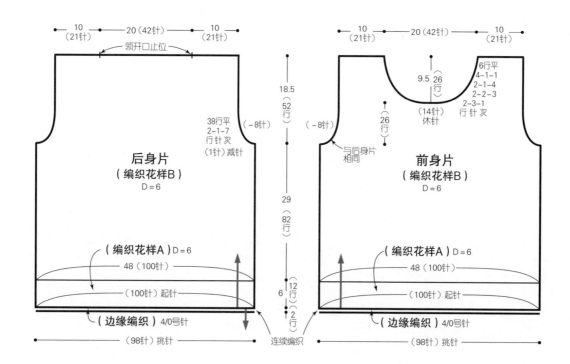

后身片
（编织花样B）
D＝6

（编织花样A）D＝6
48（100针）
（100针）起针

（边缘编织）4/0号针

（98针）挑针

前身片
（编织花样B）
D＝6

（编织花样A）D＝6
48（100针）
（100针）起针

（边缘编织）4/0号针

（98针）挑针

连续编织

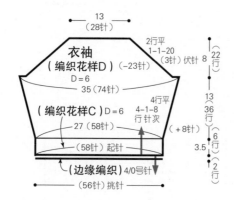

衣袖
（编织花样D）（−23针）
D＝6
35（74针）

（编织花样C）D＝6
27（58针）
（58针）起针

（边缘编织）4/0号针

（56针）挑针

衣领（编织花样E）D＝5.5

正面侧
前领（54针）  后领（36针）

背面侧
（90针）起针

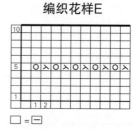

**编织花样E**

**边缘编织**

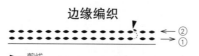

►＝剪线
※第2行在第1行的上方1根线里挑针

□＝□

※符号图表示的是挂在编织机上的状态

## 编织花样A、B

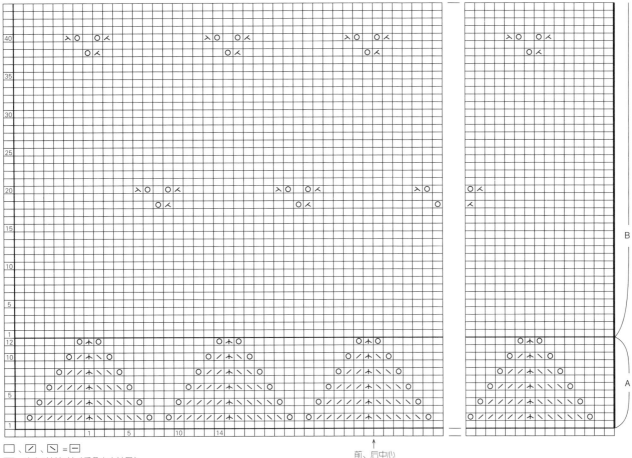

□ 、☑ 、☒ ＝□
⊞ ＝中上3针并1针（重叠左右针目）
☒ ＝左上2针并1针（重叠左边的针目）
☒ ＝右上2针并1针（重叠右边的针目）
※符号图表示的是挂在编织机上的状态

前、后中心

## 编织花样C、D

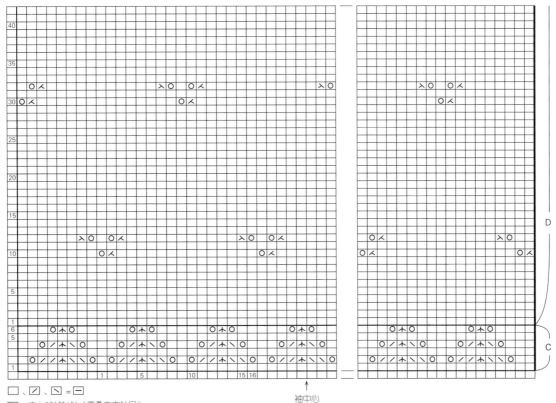

□ 、☑ 、☒ ＝□
⊞ ＝中上3针并1针（重叠左右针目）
☒ ＝左上2针并1针（重叠左边的针目）
☒ ＝右上2针并1针（重叠右边的针目）
※符号图表示的是挂在编织机上的状态

袖中心

● 70页的作品

## 围巾
（连接花片）
8/0号针

| 22 | 21 |
|----|----|
| 20 | 19 |
| 18 | 17 |
| 16 | 15 |
| 14 | 13 |
| 12 | 11 |
| 10 | 9 |
| 8 | 7 |
| 6 | 5 |
| 4 | 3 |
| 2 | 1 | 9 |

99（11片）

9

18（2片）

### 花片的连接方法

● 71页的作品

## 盖膝毯（连编花片）4/0号针

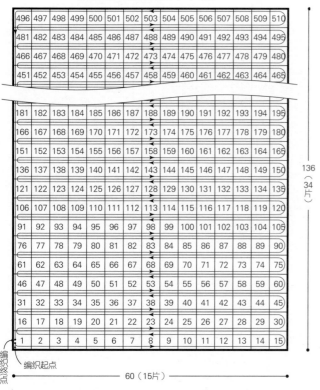

| 496 | 497 | 498 | 499 | 500 | 501 | 502 | 503 | 504 | 505 | 506 | 507 | 508 | 509 | 510 |
|-----|-----|-----|-----|-----|-----|-----|-----|-----|-----|-----|-----|-----|-----|-----|
| 481 | 482 | 483 | 484 | 485 | 486 | 487 | 488 | 489 | 490 | 491 | 492 | 493 | 494 | 495 |
| 466 | 467 | 468 | 469 | 470 | 471 | 472 | 473 | 474 | 475 | 476 | 477 | 478 | 479 | 480 |
| 451 | 452 | 453 | 454 | 455 | 456 | 457 | 458 | 459 | 460 | 461 | 462 | 463 | 464 | 465 |
| 181 | 182 | 183 | 184 | 185 | 186 | 187 | 188 | 189 | 190 | 191 | 192 | 193 | 194 | 195 |
| 166 | 167 | 168 | 169 | 170 | 171 | 172 | 173 | 174 | 175 | 176 | 177 | 178 | 179 | 180 |
| 151 | 152 | 153 | 154 | 155 | 156 | 157 | 158 | 159 | 160 | 161 | 162 | 163 | 164 | 165 |
| 136 | 137 | 138 | 139 | 140 | 141 | 142 | 143 | 144 | 145 | 146 | 147 | 148 | 149 | 150 |
| 121 | 122 | 123 | 124 | 125 | 126 | 127 | 128 | 129 | 130 | 131 | 132 | 133 | 134 | 135 |
| 106 | 107 | 108 | 109 | 110 | 111 | 112 | 113 | 114 | 115 | 116 | 117 | 118 | 119 | 120 |
| 91 | 92 | 93 | 94 | 95 | 96 | 97 | 98 | 99 | 100 | 101 | 102 | 103 | 104 | 105 |
| 76 | 77 | 78 | 79 | 80 | 81 | 82 | 83 | 84 | 85 | 86 | 87 | 88 | 89 | 90 |
| 61 | 62 | 63 | 64 | 65 | 66 | 67 | 68 | 69 | 70 | 71 | 72 | 73 | 74 | 75 |
| 46 | 47 | 48 | 49 | 50 | 51 | 52 | 53 | 54 | 55 | 56 | 57 | 58 | 59 | 60 |
| 31 | 32 | 33 | 34 | 35 | 36 | 37 | 38 | 39 | 40 | 41 | 42 | 43 | 44 | 45 |
| 16 | 17 | 18 | 19 | 20 | 21 | 22 | 23 | 24 | 25 | 26 | 27 | 28 | 29 | 30 |
| 1 | 2 | 3 | 4 | 5 | 6 | 7 | 8 | 9 | 10 | 11 | 12 | 13 | 14 | 15 |

136（34片）

编织终点

编织起点

60（15片）

※花片内的数字表示连接的顺序

4

4

### 花片的第1行　510片

▷ = 加线
► = 剪线

### 花片的连接方法

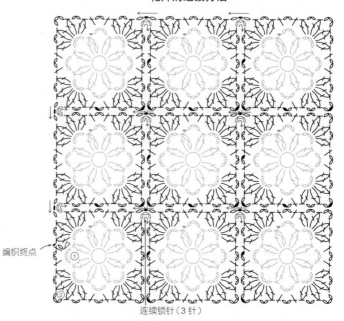

编织终点

连续锁针（3针）

●71页的作品

迷你围巾
（连编花片）
4/0号针

围脖
（连编花片）

（10个花样）
挑针
扣眼
（边缘编织）
3.5 ｛5行

花片的第1行 （通用） 迷你围巾 42片
围脖 50片
8

（边缘编织）
3.5 ｛5行
（10个花样）
挑针

花片的连接方法 （通用）

※ 全部使用4/0号针钩织
※ 花片内的数字表示连接的顺序

编织终点　编织起点
25（5片）

编织终点　编织起点
10（2片）
※ 花片内的数字表示连接的顺序

105
（21片）

▷ = 加线
► = 剪线

编织终点　连续锁针（9针）

边缘编织

1个花样
←⑤

→

←①

● = 缝纽扣的位置　　扣眼位置将　　钩织成

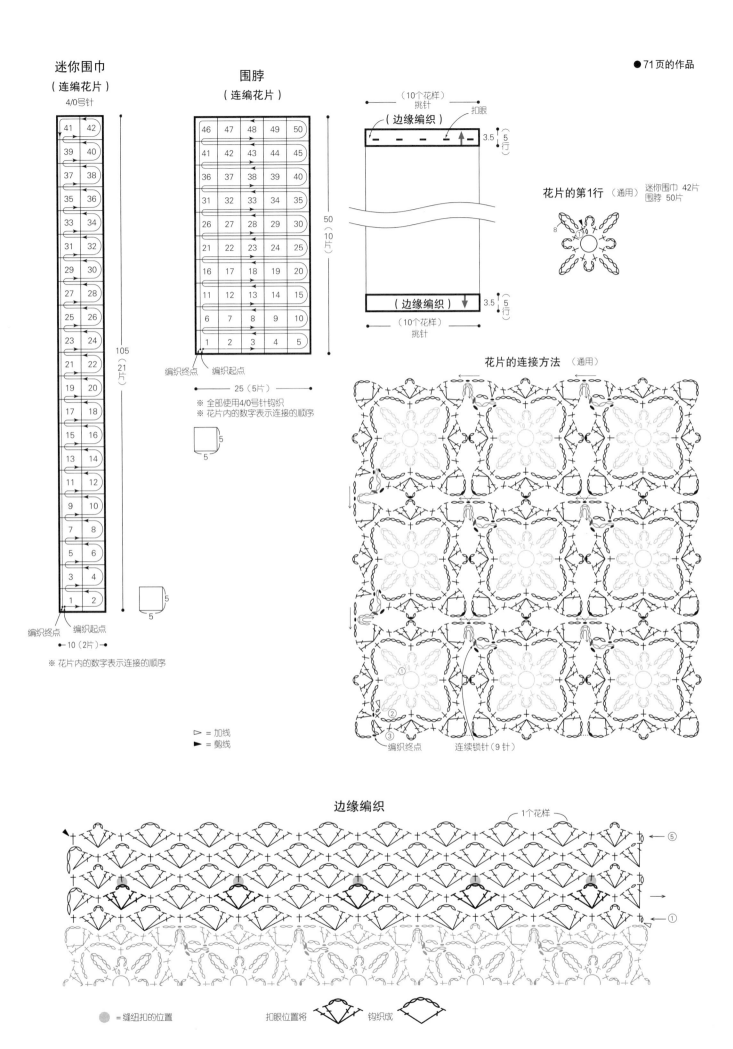

KEITO DAMA 2023 SUMMER ISSUE Vol.198（NV11738）

Copyright © NIHON VOGUE-SHA 2023 All rights reserved.

Photographers: Shigeki Nakashima, Hironori Handa, Toshikatsu Watanabe, Bunsaku Nakagawa, Noriaki Moriya

Original Japanese edition published in Japan by NIHON VOGUE Corp.

Simplified Chinese translation rights arranged with BEIJING Vogue Dacheng Craft Co., Ltd.

**图书在版编目（CIP）数据**

毛线球. 46，度假风清爽毛衫编织 / 日本宝库社编著；蒋幼幼，如鱼得水译. —郑州：河南科学技术出版社，2023.9（2024.2重印）

ISBN 978-7-5725-1275-9

Ⅰ.①毛… Ⅱ.①日… ②蒋… ③如… Ⅲ.①绒线-手工编织-图解 Ⅳ.①TS935.52-64

中国国家版本馆CIP数据核字（2023）第146334号

出版发行：河南科学技术出版社
　　　　　地址：郑州市郑东新区祥盛街27号　　邮编：450016
　　　　　电话：（0371）65737028　　65788613
　　　　　网址：www.hnstp.cn
策划编辑：仝广娜
责任编辑：梁　娟
责任校对：刘逸群　王晓红
封面设计：张　伟
责任印制：张艳芳
印　　刷：北京盛通印刷股份有限公司
经　　销：全国新华书店
开　　本：635 mm×965 mm　1/8　　印张：19.5　　字数：310千字
版　　次：2023年9月第1版　　2024年2月第2次印刷
定　　价：69.00元

如发现印、装质量问题，影响阅读，请与出版社联系并调换。